U0313373

城镇生态重构

以渭河流域为例

胡欣　李冬艳 —— 著

URBAN ECOLOGICAL RECONSTRUCTION:
A Case Study of Weihe River Basin

社会科学文献出版社
SOCIAL SCIENCES ACADEMIC PRESS (CHINA)

胡欣撰写了本书的第一章到第五章

李冬艳撰写了本书的第六章

目 录

前　言

西安市地处陕西中部的关中平原，北跨渭河，南依秦岭，是中国西部重要的中心城市。当前，以渭河、陇海铁路线为主轴的“关中经济区”正在崛起，西安、咸阳、渭南等城市将共同发展为开放式“区域城市群”，并逐步形成“西安大都市圈”，即以陕西省公路交通网中关中环线的城市化地区为主体，北至三原，东到渭南，西到杨凌，南至秦岭北麓，包括4市、10多个区县。

在大都市圈城镇加速发展的形势下，城镇发展与生态建设之间的矛盾更加突出。人口的激增和规模的扩张，城镇的盲目扩展用地、不合理规划和破坏性建设，造成土地利用与开发失控，以及对自然资源的掠夺；空气、水、垃圾和噪声污染破坏了自然生态环境，出现了水土流失、城市酸雨、公共绿地缺乏等现象。如何协调城镇发展与生态建设之间的关系，缓解二者之间的矛盾，保护、恢复和重建生态环境，已成为本地区人居环境建设的一项重要任务（张定青、周若祁，2005a）。

曾为“立城之本”的渭河水系位于黄河中游，汇聚于陕西关中盆地，历史上水资源丰实、水利发达、景观优美，滋养了其流域众多城镇。作为黄河第一大支流的渭河，横贯关中盆地300多公里，流经西安市境内段约150公里，分流出灞、浐、沣、泾等各级支流。渭河水系为以长安古都为代表的众多城镇的发展与建设提供了优异的自然环境和丰实的物质基础。

当代城镇的急剧发展干扰、破坏了河流赖以稳定的自然边界系统和自然演进过程，使得河流生态系统结构与功能的完整性被破坏，水系自然生境退化加剧。昔日滋养人居的渭河水系，如今陷入多种困境：水系枯竭，河道萎缩，水质恶化，河岸荒芜，城市的蔓延仍不断蚕食着滨河地带；流域景观格局显著改变，多种动物绝迹，植被退化、消失，生物多样性降低；河流调蓄能力大大减弱，平时干旱，夏季雨期暴雨成灾，频繁的洪涝灾害造成了严重损失（张定青、周若祁，2005b）。

河流水系作为生态敏感区，担负着地区生态安全的功能。渭河流域水土资源的流失和破坏已造成滨河生态系统的显著退化，流域地区生态脆弱性进一步加剧，已成为制约本地区城镇可持续发展的重要因素。历史经验与有关城镇理论证明，河流水系与城镇发展之间具有相互制约性和相互受益性，更是生态环境重建的关键方面。

从西安大都市圈自然地理环境特点和城镇建设要求来看，呈网络化分布的“渭河流域”与都市圈城镇形态及发展格局具有十分密切的联系，是都市圈城镇生态系统的基础与保障。城镇发展如何借助自然生态的力量，统一协调各城镇建设，调整用地，实现区域内资源共享、环境共生，促进城镇人居与自然生态的协调发展（张定青、周若祁，2005b），完成生态整合重构成为一项重要的基础研究。

渭河水系的显著特征是两侧支流发育极不对称，北侧支流长而少，南侧支流短而多（见图 0－1）。渭河北岸支流发源于黄土高原，源远流长，流经西安都市圈的有泾河、石川河等。南岸支流均发源于秦岭山地，如“长安八水”中的浐、灞、沣、涝等，上游段河道曲折深切，谷深、坡陡、流急；出峪后中游段切穿山前洪积倾斜平原，坡度减小，水流减缓；下游河道横向摆动显著，具有游荡型河流特征，形成河谷平原，呈南北向条状分布于渭河南侧（张定青、周若祁，2005b）。所以位于渭河南侧的城镇一般具有秦岭山地－山前洪积倾斜平原－河谷平原过渡的地貌特点，并出现沿河城镇的急剧发展与生态建设之间土地开发失控的矛盾；而黄土高原小流域地区则出现长期水土流失而导致的地表沟壑纵横、村镇分布多、人居质量较低的矛盾。本书针对南北不同的城镇存在状态，分别选取户县县城和“姜家河 + 十里塬 + 通深沟”单元作为典型地段进行重点分析，并给出其在生态整合重构方面的思路和建议。

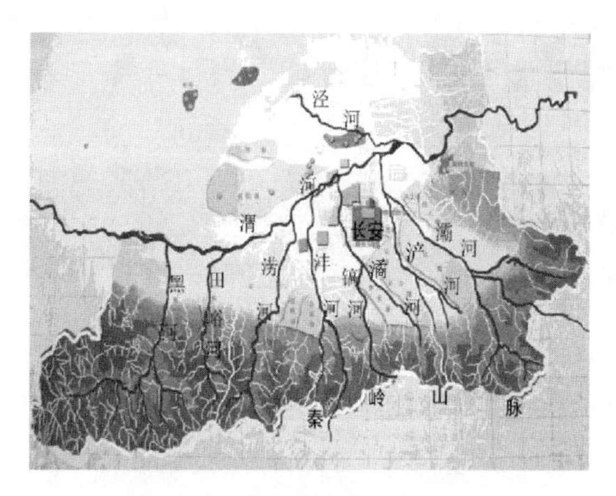

图 0 -1　渭河南岸地理地貌特点

资料来源：张定青、周若祁（2005b）。

在河流改善城市结构布局的范例中，日本关西都市圈建设模型堪称典范，其根据水系的风土地貌，将水系网络表达成像一株大树一样的系统网络，这样关西地区的城市结构即形成以水系为主轴的树状系统，由“根”（大阪湾地区）、“干”（承担关西圈区域活动的城市轴）、“枝”（各城市区域）、“叶”（地区组团）多样化的组成部分使关西圈成为一个健康的生命体（见图 0 -2）。

在将河流地区塑造为城市重要景观空间的范例中，有 19 世纪奥斯曼主持的名为“完美塞纳河”的巴黎改建方案，倡导开敞、壮美的城市结构，并将塞纳河提升到城市结构轴线的高度加以建设，与塞纳河平行的景观主轴线，以及与其垂直的多个景观副轴，围绕河流构成城市空间的骨架（见图 0 -3）；法雷尔主持设计的伦敦泰晤士河畔东格林尼治的更新计划中，采用继承、调整、再生结合的设计方法，在位于泰晤士河转折的半岛形滨水区中央建立一个绿色河岸腹地，使之

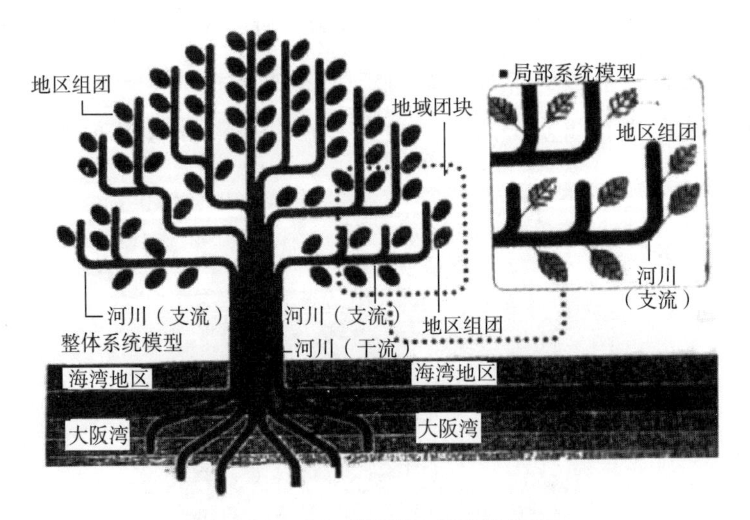

图 0－2　日本关西都市圈建设模型

资料来源：黄光宇、陈勇（2002）。

成为与河流相呼应的空间焦点，围绕这一中央公园，扩展传统的绿化空间（见图 0－4）。

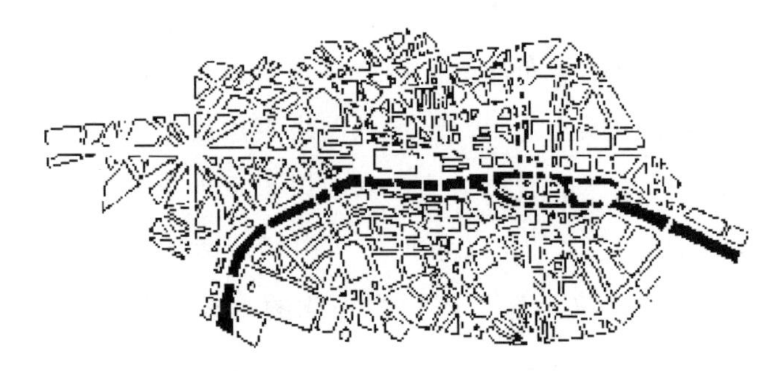

图 0－3　“完美塞纳河”的巴黎改建方案

资料来源：李麟学（1999）。

在河流的生态保护方面，麦克哈格在新奥尔良附近的庞洽新城的规划中保留并合理组织了基地的湿地水系，并配以人工河及湖泊构成自然排水系统，水边还布置了开放空间系统，为人们创造接触自然的机会，从而避免了传统开发方式对生态带来的破坏。还有欧姆斯特德制定的被称为“自然湿地”的波士顿水体边界规划，以河流为系统，以河流边界的滩地作为公园带，运用湿地生态理论，每边留出 60.96～457.20 米

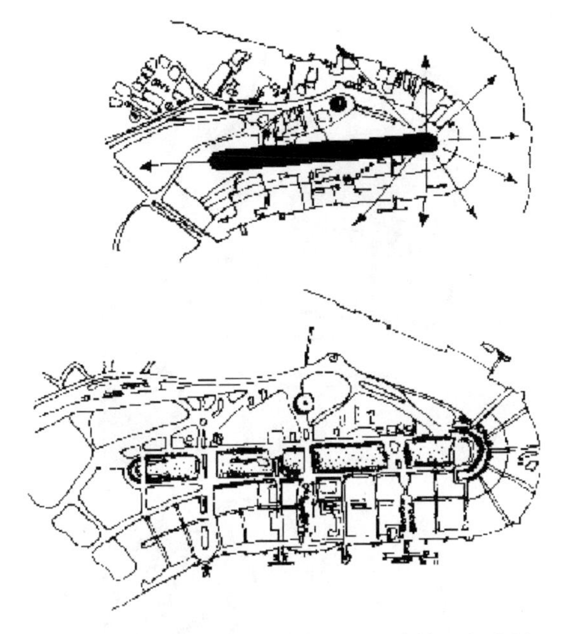

图 0 -4　伦敦泰晤士河畔东格林尼治的更新计划

资料来源：李麟学（1999）。

作为边界林地，保持河岸与河漫滩的自然状态，并沿河流发展了波士顿的带状绿化系统，同时将市内的数个公园连为一体。为此波士顿疏散了河边的居民并通过疏浚潮汐河流、种植能抵抗洪水周期性变化的树木来恢复河流的自然演进过程。

我国结合生态思想进行规划设计研究的先行者是黄光宇先生，在其与陈勇所著的《生态城市理论与规划设计方法》一书中，分别从哲学层次、文化层次、经济层次以及技术层次，探讨了生态城市的本质内涵，并定义了和谐性、高效性、整体性、多样性以及全球性的生态城市特征，提出了生态城市规划的五原则，强调在整体协调一致的前提下实现各系统的发展，以取得最大的整体效益，并进行了乐山生态城市的规划实践（见图 0 -5）。

在城镇建设层面，有重庆江北城 CBD 规划和渝中半岛形象设计，上海黄浦江两岸综合规划和世博园规划，长沙湘江滨水区及橘子洲规划以及顺应水系形成“长藤结瓜”城市构架的珠海城市规划；在村镇建

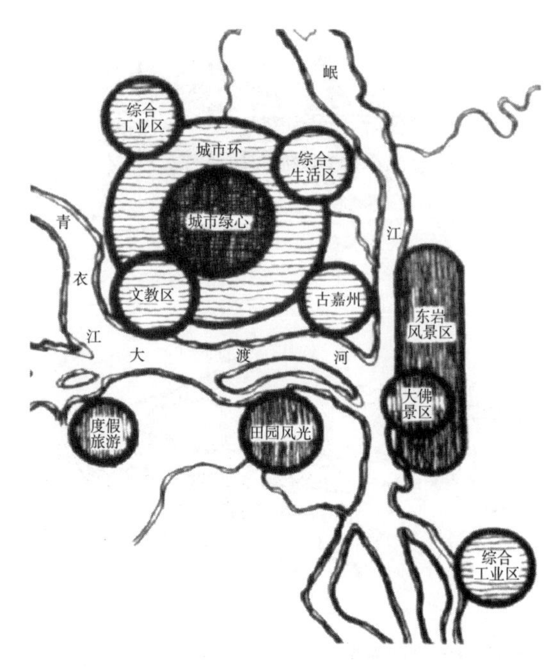

图 0－5　乐山生态城市结构示意

资料来源：黄光宇、陈勇（2002）。

设层面，有广西岑溪市的双列式带状发展模式，上种葡萄、水中养鱼的"葡萄河"的奉化市滕头村村庄生态规划。这些都是城镇建设结合河流水系生态发展的成功范例。

而在城市河流治理的范例中，有成都沙河综合整治规划，北京河湖水系的恢复，太原汾河综合整治规划等，其中哈尔滨马家沟河的整治，对其进行水体清淤、引清水，污水采取暗道处理，开发建设节点小游园，沿江绿化散步道等措施，形成城市的生态轴；新建设包括天津海河两岸综合规划、武汉汉江两岸总体规划等。这些规划无不将重塑河流生态作为建设的重要目标，并将其视为带动河流地区，乃至整个城市经济发展的动力。

本书结合渭河流域水系分布现状、城镇现状以及城镇的发展要求，立足于河流在城镇建设中起到的生态支撑作用，通过分析城镇群的数量分布、规模等级分布、性质分布以及城镇的形态与河流水系的空间关系，对城镇群的空间分布进行了总体的把握。根据城镇的发展对河流的具体影响，从政策管理、技术手段、水域生态规划、河流自身的生态建设等方面对河流的生态恢复提出建议；在城镇建设和生态建设两个层面上，就城镇内部结构的调整和加强河流与城镇内部的联系两方面提出了城镇生态规划重构的建议。

第一部分

渭河南岸城镇结合水系生态整合重构

第一章
河流与城镇的关系

第一节　河流与城镇的生态关系

生态关系是指生态系统组成成分之间相生相克、相辅相成的相互作用，生态系统的四个基本成分（生产者、消费者、还原者和非生物环境）在能量获得和物质循环中各以其特有的作用而相互影响、相互依存，通过复杂的营养关系而紧密结合为一个整体。本书所谈河流与城镇的生态关系是从城镇生态学观点出发，指流经城镇的河流（含河流的各种自然要素和自然现象）与城镇之间的相互影响关系，包括河流对城镇的支持、庇护、阻碍作用，城镇对河流的利用、维育、破坏作用等，这些作用的结果直接引发两者间不断进行物质、能量和信息交流，并结成稳定的联系。

河流地区与城镇之间相互作用力的大小始终处于动态平衡状态，并贯穿于滨河城镇形成—发展—复兴的整个过程中。在每一个阶段，河流扮演的角色都因人类需求的变化而不同，同时，也因为角色的变化导致河流生态经历了平衡—失衡—恢复的过程（叶林，2004）。

一　河流与聚落产生

水为人类日常生活所需，水源的多少为人口疏密、聚落集散的重要因素，所以雨水丰沛、水源充足之地必为聚落发展的最佳选择。胡振周在《聚落地理学》（1977 年）一书中总结了最易产生聚落的十大地形，其中包括河流交汇的枝丫地带、河谷中的河阶地带、山坡与冲积扇的接触线（最常见的是山间溪流出入口的冲积扇邻近的山坡地带）等。这些地方都是易于取水的地方，能够保证提供长期稳定的水源。

从某种程度上说，水源是聚落赖以生存的生命线，没有水源的聚落难以兴起，也无法延续发展。已经发现的陕西关中地区的新石器时代遗址所在地就说明这一点。新石器时代遗址大都分布在河流的二级阶地之上，除平原开阔、土地肥沃、交通方便外，主要是为了就近取水方便。河流的二级阶地一般高出河面 10 ~ 20 米，既不易受到洪水的冲击，又能就近取水，自然最为方便。“这种临水建村的经验，为后世临水筑城的传统开了先河”。

即使凿井技术发明以后，原始社会的许多遗址仍分布在河流的沿岸，说明依靠河流供水仍然是重要的供水形式。直到水井的出现，人类的聚落才可以远离河流、湖泊。但水井的水量有限，大的聚落仍分布在河流、湖泊沿岸。

二　河流与城镇形成

随着农业技术的进步，社会分工的细化，人口在交通便利的商品流通节点积聚，形成了城镇的雏形。

古代许多城镇中，包括河流在内的自然因素主导着城镇建设的方向。即使以政治、宗教、军事功能为主的城镇中，其建设也尽量利用自然要素组织城镇结构。因而，河流地区凭借其特有的优越地理位置、交通条件，往往成为城镇生活的中心地带。

同时，城镇的扩张最初总是沿着河流呈触角状生长，这是世界性的普遍规律（见图 1 - 1）。

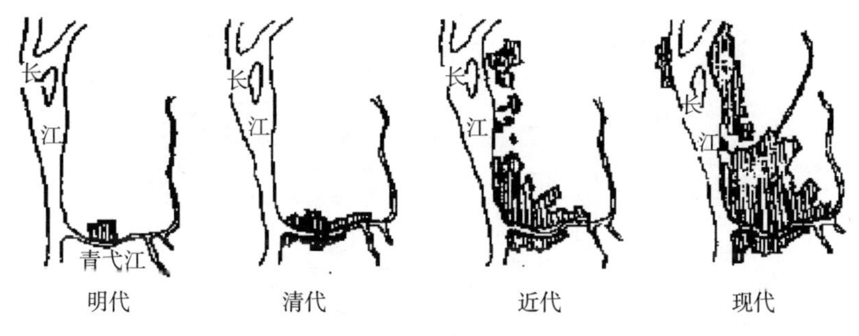

图 1－1　芜湖市沿长江生长

资料来源：黄翼（2000）。

三　河流与城镇发展

除了作为水源外，河流对古代城镇最主要的作用就是运输和防御功能，其中，水运交通的发展，使重要的河流两岸成为城镇物资集散地，成为城镇经济发展最为活跃的地区之一，是城镇生活的中心地带，表现着城镇的繁荣和文明。

我国古代许多滨河城镇千方百计开辟水路交通，使城镇成为水陆交通的中心，尤其是地处内陆的城镇更是如此。汉、隋、唐建都长安时期，长安便是全国水运网的起点，失掉国都地位以后，渭河水运断断续续维持到 20 世纪 30 年代，并且，在这近两千年的时间里，对城镇的发展一直发挥着重要作用。到 1934 年陇海铁路通车西安以后，渭河水运才彻底衰败下去。由此说明，在以水运作为主要运输方式的时代，河流就是城镇的动脉。

另外，河流不但是城镇重要的防御设施，对城镇的空间形态、布局结构、功能分区也有着重要的影响。比较典型的是南宋平江府城（见图1－2），其城池建设充分结合地区密集的水网，并加以人工改造。城内道路与“三横四直”的七条主要河流和众多小河平行，常是前街后河。城池开五门，城门旁又开水门，使城内河道与宽阔的护城河联系。

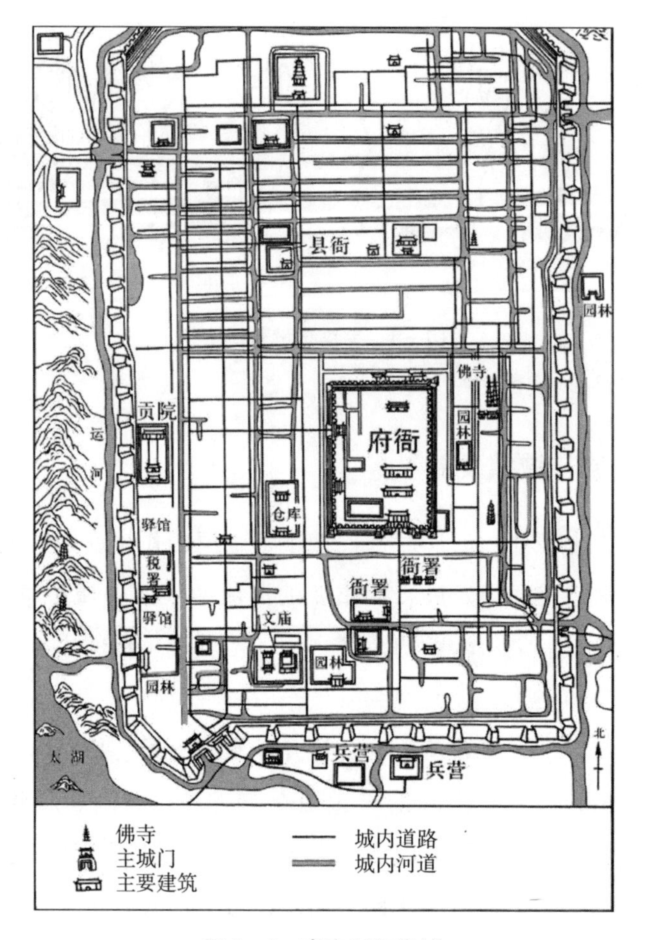

图 1－2　南宋平江府城

资料来源：贺业矩（1996）。

总的来说，工业社会前的城镇与河流是和谐共处的，河流多以自然状态流经城镇。进入工业社会后，由于生产技术突飞猛进，大量农村人口涌入城镇，城镇规模急剧扩张，城镇河流地区遇到前所未有的生态危机：城镇废物排量剧增，河流成为最便捷的排水沟；河流自然环境被破坏，水生生物与岸边植物锐减；工业用水和生活用水量激增，地下水被超量开采，使城镇地下水位下降、河水流量减少；等等。再者，由于交通技术的发展，河流不再是主要的运输通道，河流地区不再是城镇生活的中心，城镇的繁荣区向铁路、公路、航空枢纽转移，河流地区的城镇功能日渐衰减。同时，滨河用地被废弃的港口、码头等设施占用，工业、仓储业为了获得廉价的水运、便利用水和排污条件大量占据滨河用地，使原本是居民容易接近的生活场所转化为不被世人所知的、单调“丑陋”的内部用地（叶林，2004）。

四 河流与城镇复兴

近几十年来，随着城镇产业结构的调整和人们生态意识的增强，城镇河流地区开始复兴：水处理技术的进步，使污水对河流的污染有所减轻；生活质量的提高，需要开辟更多的活动场所，河流地区以其景观、环境、情趣上的多样性，赢得人们的青睐。更重要的是，人们对河流作用的认识已不仅仅满足于城镇的基本需求（水源、交通），而更强调它的生态价值及其带来的经济“外部效益”和社会“文化效应”，这种新的价值观直接催生了各国城镇河流地区的大规模的建设活动，具体分为再建设和新建设。

欧美城镇河流地区的再建设开始于 20 世纪六七十年代，主要是通过对土地使用的重新配置，在滨河区建设现代化的居住、办公、商业、文化娱乐和休闲设施，从而改变滨河区的空间和景观形象。国内城镇河流地区的建设具有再建设和新建设并存的特点，特别是近几年，随着传统“天人合一”哲学思想的回归和生态理念与国内规划技术的结合，更多城镇河流地区的建设强调生态价值的重要意义。

通过以上回顾，我们发现河流与城镇的关系总体上是动态平衡的（见图 1－3），平衡是主流，是两者关系的协调，因此寻求协调的关系是河流地区建设的目标。

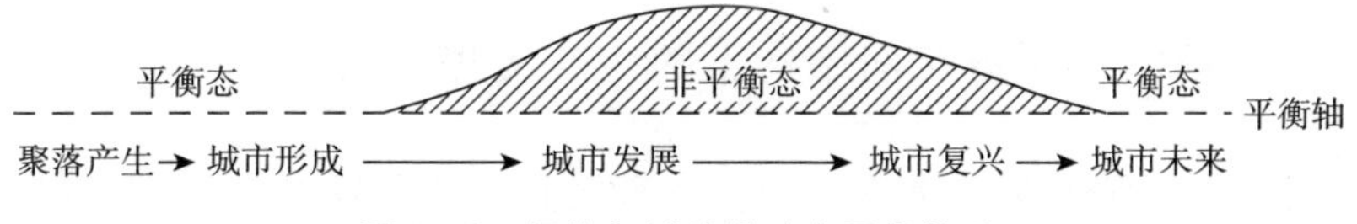

图 1－3 河流与城镇的动态平衡关系

资料来源：叶林（2004）。

第二节　河流对城镇的生态支撑功能

一　河流的生态特性

河流与城镇在空间属性与生态特性上具有高度异质性，二者的构成要素与空间特征呈现自然与人工、有机与无机、虚与实的鲜明对比。河流提供了环境的丰富多样性，在改善城镇环境和维持区域生态平衡方面具有不可替代的生态价值；同时对于城镇建设显现出高度敏感性，如果强行侵占，就会使区域生态系统自我调节修复与维持发展能力降低，导致城镇生态环境恶化（张定青、周若祁，2005a）。

二　河流对城镇功能上的生态支撑

河流水系包括河道、沿岸滩地、湿地、植被等诸多要素构成的复合系统。河流水体及周边植被可有效地降低环境温度，缓解城区内部热岛效应，改善区域小气候；绿色植物具有净化空气、保持水土、控制洪水、改善水质、涵养水源等多重生态功能；而由陆地生态系统向水生生态系统的过渡区属于“生态环境交错带”，环境异质性强，具有生态学的“边缘效应”，能为物种提供多样性的栖息地，增加了物种的多样性和增大了种群密度；河流及沿岸植被廊道可为野生动物提供迁徙走廊，加强栖息地之间的连通性，扩大许多物种可能的生活范围。河流以其自身具有的生态功能给予城镇生态支撑，而城镇建设则不断利用环境资源，加速自身的发展。

三　河流对城镇空间结构上的生态支撑

河流与城镇作为一个完整的生态系统和土地开发整治单元，河流周边的水资源、土地资源、聚落形式、空间组织、景观特征、旅游资源等要素对城镇的空间分布有着决定性的作用。

呈网络状的河流水系，将各类建设区相联系，形成有机的城镇整体空间结构，所以河流本身就是城镇空间结构的支撑框架，其地理空间格局深刻影响着各城镇的空间关系以及各城镇自身的布局结构与发展形态。随着河道在城镇地域内的弯曲变向，必然引起城镇路网的转向与扭曲。

同时，由于河流的延伸方向往往是景观视野较好的方向，所以随着城镇的发展，河流沿岸地区将是整个城镇功能、景观的核心地区，容易造成沿河两岸带状地域内的城镇肌理趋同，与远离河流沿腹地纵深的城镇肌理产生明显的区别。

四　河流与城镇之间的社会经济及文化活动关联

由于河流与城镇建设区具有高度的异质性和可相容性，边缘效应强烈，所以在两类空间交界的边缘区，能够产生超越各地域组成部分单独功能叠加之和的增值效益，从而使社会与经济活动的有效性提高，有利于承载多元化社会经济活动。例如在户县涝河上建造的西户滨河花园旅游区，不但形成绿色滨水开放空间，也为人们提供了亲近自然的机会和游憩休闲场所，塑造城镇滨河区的景观特色。同时，沿河珍贵的历史人文资源如草堂寺和九华山等，对于延续城镇的文化脉络、追寻城镇发展的历史印迹、创造城镇特色、带动历史文化博览与旅游业等，具有重要的现实意义。总之，“边缘效应”会给相邻地段城镇建设区的开发与建设带来高附加值，提高城镇社会经济运行效率（张定青、周若祁，2005a）。

第三节　河流与人居环境的关系

人居环境，顾名思义，是人类聚居生活的地方，是与人类生存活动密切相关的地表空间，它是人类在大自然中赖以生存的基地，是人类利用自然、改造自然的主要场所。按照对人类生存活动的功能作用和影响程度的高低，在空间上，人居环境又可以分为生态绿地系统与人工建筑系统两大部分（吴良镛，2001）。

河流地区人居环境是一个自然、人文、社会相互作用的地域单元，是一类特殊的基本人居生态单元，有着显著的系统整体性和内在关联性等特征，河流的上下游、干支流、左右两岸、各地区之间相互制约、相互影响。如上游由于人居环境的不当建设，不但使本地区的水土流失、生态恶化，而且会引起下游地区的水旱灾害增加和人居环境的整体质量下降。

河流地区人居环境的特点表现为以下几点。

整体性和关联性：河流地区人居环境是整体性极强、关联性很高的区域。首先表现为沿河流自然要素之间的紧密相互制约，所以河流地区任何局部的开发建设都必须考虑整体利益。

区段性和差异性：由于上中下游和干支流区位、资源、能源、人口、历史文化背景等各方面均有较大不同，所以河流地区人居环境在经济水平、社会发展等诸多方面表现出明显的区段性和差异性。

层次性和网络性：由于河流呈枝状网络分布，上中下游等各个层级的人居单元，其间物质、能量、信息等的交换也构成了网络系统。

开放性和耗散性：河流地区人居环境是一个社会、经济、自然的复合生态系统，其中包含人口、环境、资源、物质、资金、科技、政策等多种要素，各要素在时间和空间上，以社会需求为动力，通过投入产出链渠道，构成了一个开放的复杂系统（贺勇、王竹，2005）。

第二章
城镇发展与河流的生态重构：以户县为例

第一节　户县城镇与河流状况

一　户县城镇概况

（一）城镇的概念

对于城镇的概念有狭义和广义之分，狭义的理解包含市和建制镇，广义的理解包含市、建制镇及集镇。

本书所论述的城镇包括县域范围内的县城关镇、县城关镇以外的建制镇、集镇，其中县城关镇是一个对所辖乡镇进行管理的长期稳定的基层行政单位，是县域内的政治、经济、文化中心；县城关镇以外的建制镇，是县域内的次级小城镇，是农村一定区域内政治、经济、文化和生活服务中心；集镇包括“乡人民政府所在地”和“经县人民政府确认的由集市发展而成的作为农村一定区域经济、文化和生活服务中心的非建制镇”两种类型。

（二）户县城镇概况

1. 区位

户县位于陕西省关中平原中部，属于西安市郊县。东邻长安，西接周至，南依秦岭接壤宁陕，北临渭水毗邻咸阳。县城距西安咸阳国际机场16公里，距市中心仅1小时车程。

2. 规模

县域东西最宽处约31公里，南北最长处约53公里，总面积为1255平方公里。全县人口为66万人，人口密度约为每平方公里526人。

县域内城镇规模都比较小，2004年，县政府所在地甘亭镇总人口为97730人，5万人以上的城镇有工业型城镇余下镇、秦渡镇，3万～5万人的乡镇有大王镇、草堂镇、蒋村镇、涝店镇，2万～3万人的乡镇有祖庵镇、庞光镇、甘河镇、石井镇、蒋村镇、玉蝉乡、五竹乡，1万～2万人的乡镇有天桥乡、渭丰乡、苍游乡，人口不足1万人的乡镇有涝峪管委会和太平管委会。

3. 行政区划

2002年撤乡并镇后，全县共有甘亭、余下、大王、祖庵、秦渡、草堂、蒋村、庞光、涝店、石井、甘河11个建制镇，渭丰、天桥、苍游、玉蝉、五竹5个乡，涝峪旅游区和太平旅游区2个旅游管委会，746个自然村。

各乡镇政府所在地一般在辖区内经济最发达的地段，且均靠近对外交通道路，如位于县乡道的交叉口处或国道、省道沿线。

4. 城镇等级

中心城镇——甘亭镇，是全县的政治、经济、文化、商业中心，经济总量在乡镇中首屈一指。

片区中心城镇：大王镇、涝店镇、祖庵镇、草堂镇、秦渡镇，这些城镇与市区有良好的联系，依托中心城市带动周边乡村发展，成为全市的经济增长点；其中余下镇以惠安化工厂和户县热电厂等企业为中心，已初步建成全县最大的化工、电力工业区；草堂镇以草堂寺、亚建高尔夫俱乐部等为依托形成新的草堂旅游度假区基本框架；秦渡镇是全国闻名的历史古镇，是秦户经济走廊轴线的起点，已被确定为省级明星示范镇。

一般城镇：庞光镇、甘河镇、蒋村镇、渭丰乡、苍游乡、五竹乡、天桥乡、石井乡。

（三）户县自然地理概况

1. **气候**

户县属暖温带半湿润大陆性季风气候区，四季冷暖、干湿分明、光照充足、降水量适中，是发展农业生产和各种经营以及居住的比较理想地区。年平均气温13℃，平均降水量879毫米，全年无霜期219天，大气质量达到国家二级标准。

2. **地貌**

户县南部为秦岭山地，北部为渭河阶地，中部为黄土台原、洪积扇及扇缘洼地。地势南高北低，山麓区与渭河平原区地势变化非常明显，相对高差达2627米（户县志编纂委员会，1987）（见图2－1）。

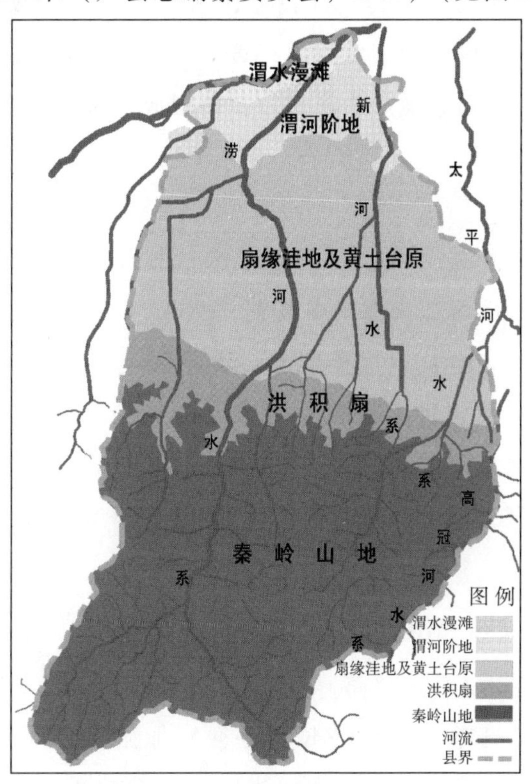

图2－1　户县自然地理概况

资料来源：笔者自绘。

（1）秦岭山地

户县秦岭山地面积704平方公里，占全县总面积的56.1%。山梁均为南北走向，山势陡峭（坡度在45°以上），河谷一般呈“V”形，谷宽5～20米。中山区山高坡陡、土层薄、农耕地少，现多为林草地及荒山草坡。低山区坡度较缓，且有一定的黄土沉积，多为山区农耕地。

（2）平原

户县平原面积551平方公里，占全县总面积的43.9%，按地貌特征自南向北可分为秦岭北麓山前洪积扇、扇缘洼地、黄土台原、渭河阶地和渭水漫滩，地面从南至北，从西向东微度倾斜，土层深厚，土质肥沃，是户县的粮棉产区。

洪积扇地势较高，水利条件较差；扇缘洼地土层较厚，水利条件好，但排水不畅，雨季地表常积水；黄土台原土层深厚；渭河阶地南部与黄土台原界线明显，地形为河流冲积而形成，河漫滩原防洪堤以北为渭水漫滩。

3. 河流水系

户县地表水总量为31.85万立方米，其分布是秦岭山区形成36条大小河流，出山后汇为涝河、新河、太平河、高冠河四条水系，基本全年有水，分布全县，贯穿南北，为平原地下水补给形成的水网，地表水的变化与大气降水分布大体一致，河流在山区内，河窄坡陡，水流湍急，遇到大雨，洪水猛涨猛降；出山后，河道比降变缓，河床较浅，主流动荡多变；平原区河流的中下游段，河床多泥沙，水流较缓。

（四）户县交通条件

国道108（西汉高速公路）、省道107环山公路东西向穿越户县境内，西户高速（国道主干线GZ40的一段）加强了户县平原区与山区之间的联系并直通成都，是陕西省“米”字形公路主骨架的重要组成部分；纵横交错的乡级道路，形成了四通八达的交通网络；陇海铁路西余支线贯穿县域南北（见图 2-2）。

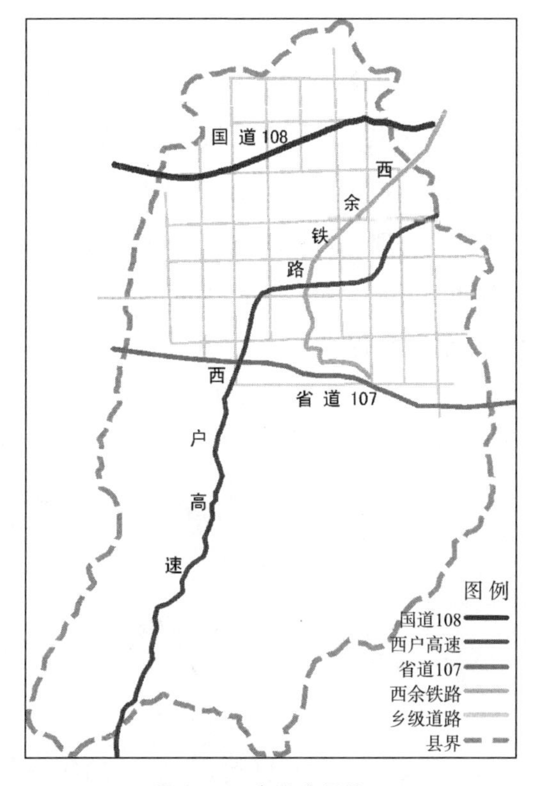

图 2-2　户县交通状况

资料来源：笔者自绘。

（五）户县经济发展情况

户县是以农业为主导的经济强县，其粮食、水果和无公害蔬菜以及养殖业发展稳步，北部渭河沿滩规划设立了 45.34 平方公里的现代科技农业及生态观光农业示范区；工业位居其次，也形成了医药、建材、造纸、机械、玻璃、包装材料、电器、化工、铸造等多个主导产业；政府驻地甘亭镇为户县文化、政治、经济和商贸中心，经济总量在乡镇中首屈一指；余下镇以惠安化工厂和户县热电厂等企业为中心，已初步建成全县最大的化工、电力工业区；旅游业发展较快，目前已经建成的有位于秦岭山区的朱雀国家森林公园和太平国家森林公园。

（六）户县城镇布局及规划

1. 城镇空间结构

户县地势南高北低，山麓区与渭河平原区地势变化非常明显。于1977年规划建设了县乡道共17条，其中南北9条、东西8条，平均相隔2.5公里，每一方块约6.67平方公里。这17条道路将县域内的平原区划分成方正的网格，体现了“园田化”的规划设计构思。

根据《户县城市1995—2020年总体规划》，将形成“轴向布点、串珠连接、带状延伸、强化中心、均衡布局、突出特色，形成三轴（生态农业轴、城镇发展轴、旅游生态轴）两带（涝河生态带、新河生态带）、一核九心”的城镇空间格局（见图2-3）。

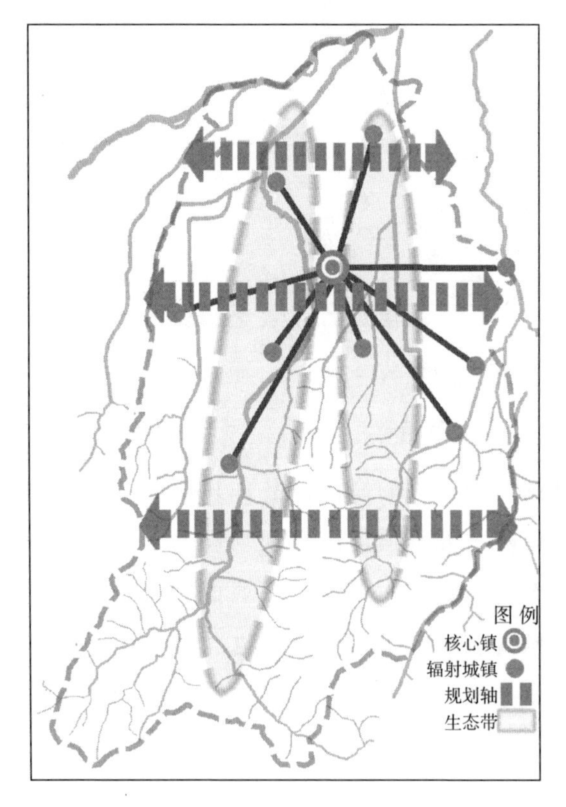

图2-3　户县未来空间结构规划

资料来源：笔者自绘。

2. 与河流相关的建设项目（见图2－4）

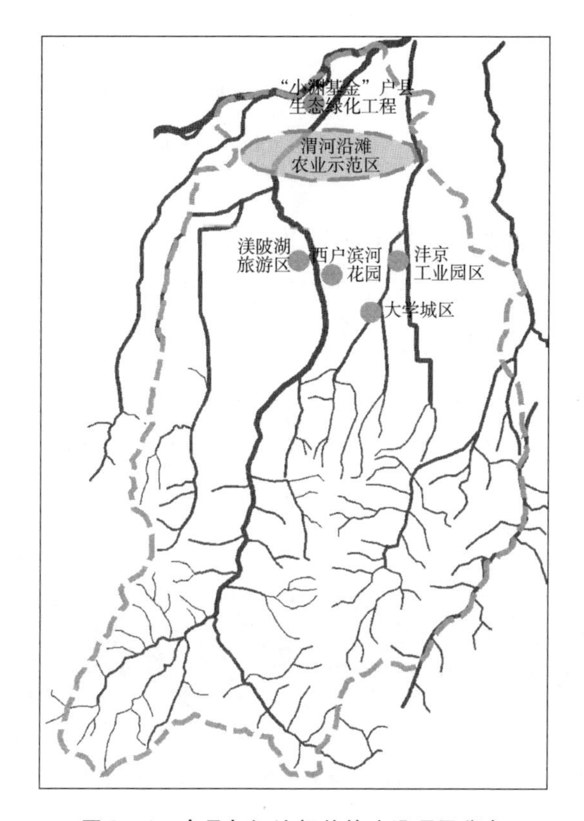

图2－4　户县与河流相关的建设项目分布

资料来源：笔者自绘。

第一，沣京工业园区位于甘亭镇的东部，目前入园企业已有20家，用地面积约0.36平方公里，年生产总值1.5亿元。

第二，大学城区位于甘亭镇的南部，占有8平方公里。

第三，西户滨河花园位于甘亭镇的西部沿涝河地区（见图2－5），

图2－5　建设中的西户滨河花园

资料来源：笔者拍摄。

由投资商出资治理河道，改造环境，意使东部滨河区土地升值，面向西安居民建设高档住宅区。

第四，2004 年 3 月 25 日，位于陕西省户县南北三号路段的渭河南堤上，中日“小渊基金”户县生态绿化工程在这里正式启动，其中在户县段有 15.8 公里。

第五，渼陂湖旅游区位于涝河以东的甘亭镇区域内，西安亚建高尔夫球俱乐部和高冠避暑山庄均位于高冠河的沿河地区。

第六，北部渭河沿滩规划设立了 45.34 平方公里的现代科技农业及生态观光农业示范区（见图 2 -6），现在已经形成一定规模，主要分布有林带、农田、果林、牧场、鱼塘等，人类聚居地远离河岸。

（a） （b） （c）

图 2 -6 渭河沿滩处的生态观光农业示范区

资料来源：笔者拍摄。

二 户县河流水系概况

（一）户县水资源概况

全县水资源开发利用很不平衡，地表水资源开发利用程度较低，用水量占地表水资源量的 5.82%，开发潜力很大；地下水用量占可开采量的 75.90%，开发利用潜力不大。

最大用水区在余下镇，主要为工业用水，其次为县城，其他地段较为均衡；目前不存在缺水情况，但随着工业的发展，项目的增多，将出现工程型缺水的状况，目前余下镇用水 2 万吨/天，改造后用水增加至 5 万吨/天，这和工业布局不合理有关系，高消耗水的工业较为集中。

在“十一五”规划中，曾预计在太平峪建水库；利用污水处理厂，将中水作为工业用水；通过管理措施，在玉蝉乡、渭丰乡、涝店镇等不合格的造纸厂相继关闭，目前已经有2家造纸厂达到0排放量；目前没有考虑雨水利用、分质供水、生物措施等其他措施。

（二）县域内河流水系分布

户县发源于山区的36条大小河流，出山后汇为涝河、新河、太平河、高冠河四条水系（见图2－7），基本全年有水，分布全县，贯穿南北，为平原地下水补给形成的水网。

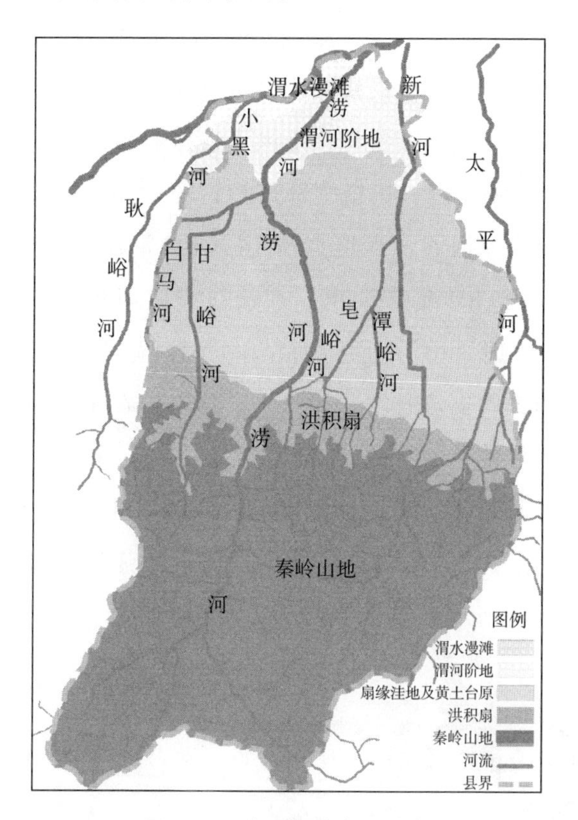

图2－7　户县河流水系分布

资料来源：笔者自绘。

1. 渭河干流

渭河泥沙含量大，水色浑黄，水量汛期变化大，户县境内只有涝河汇入渭河。由于户县工业有一定规模，河水轻度污染。渭河南岸开发为农业示范区，现在已经形成一定规模，主要分布有林带、农田、果林、牧场、鱼塘等，人居村落远离河岸。对于渭河沿滩处，以防为主、保护为辅，基本无利用。滨河区以开阔水面为主，一望无垠，有利于农业的生态发展。

2. 涝河水系

涝河属渭河一级支流，从涝峪口出山，流经涝峪、石井、天桥、余下、玉蝉、甘亭、涝店、渭丰 8 个乡镇，注入渭河。涝河发源于秦岭梁的静峪脑，全长 75.8 公里，总落差 780 米，流域面积 441 平方公里，山区集水面积 346 平方公里。涝峪山区坡陡沟深，林木丰茂。出山后又分为三段：上段土门子—摇西村，是洪水夹沙石落淤地段，河宽（87 ~ 175 米）堤低，堤陡流急，护岸全部砌护；中段摇西村—三过村，部分经过治理，部分为原河谷，河道宽窄不一，曲汇流转，常有倒岸现象；下段三过村—入渭口，地势平坦，水流缓慢，河堤未砌护。堤高 4.5 米，上游河宽 175 米，中游河宽 87 米，下游河宽 75 米。

作为涝河的二级支流甘河（见图 2 - 8），曾在 1976 年被改成直道，甘峪口附近建有甘峪水库，蒋村镇的阎家村、柳东岭、杏井口、柳泉口、孙真坊等村子靠河饮水；甘河流经甘河镇和涝店镇时，受当地工业（纸厂、钢厂和电器厂）的污染；由于甘河上游建有水库蓄水，且用河水灌溉，所以下游河水流量较小。

图 2 - 8　甘河注入涝河

资料来源：笔者拍摄。

总之，就区位而言，涝河发源于山区，流经平原汇入渭河，全段均在户县境内，与户县的关系最为密切；就水量、水质而言，河水水量随季节降雨量变化而变化，水质有一些污染，且下游流速明显减慢；就景观而言，河流全段不同地貌景观具备，涝河入渭口具有丰富的自然资源，适合建设湿地公园。

3. 新河水系

新河上游的主河是曲峪河和潭峪河，新河全长 37 公里，流域面积 87 平方公里，山区集水面积 37.76 平方公里，曲峪河和潭峪河在山区的沟长约为 10 公里，集水面积亦均为 10 平方公里左右，年平均径流量分别为 325 万立方米和 378 万立方米。

由于河流均发源于南部山区，所以流量都与季节降雨相关；潭峪河河道很窄，流经工业大镇余下镇时，河水受到惠安化工厂工业排水的污染，在五竹乡吴家寨处建有污水处理厂；1976 年曾将原来弯曲的河道改直，利弊均存在。

4. 太平河水系

太平河发源于秦岭的静峪脑，全长 32 公里，流域面积 200.09 平方公里，山区集水面积 179.01 平方公里，总落差 380 米，出山后又汇纳了神水峪、紫阁峪、十房峪、土地峪、牛心峪的流水，流至长安区境内的郭村向北汇入沣河。

太平峪以其优越的自然环境已建成太平峪旅游区，在其附近还建设有西安亚建高尔夫球俱乐部、高冠避暑山庄，其是较为特殊的区段。

5. 高冠河水系

高冠河发原于秦岭梁，是户县与长安区的界河。在户县境内长 23 公里，集水面积 158 平方公里，其中属户县的集水面积 45.61 平方公里，年总径流量 6300 万立方米，其中户县径流量 1944 万立方米，最大洪水量 154 立方米/秒。高冠河流至长安区境内汇入沣河。

6. 沣河

沣河位于户县县城东约 13 公里处，是户县和长安区的界河，发源于秦岭北麓，全长 78 公里，总流域面积 1386 平方公里。沣河户县段仅为左岸，长 2351 米，堤防长度约 1400 米，河床平均宽度为 107.4 米。

7. 小黑河

自周至县流入，在户县境内汇入渭河。在户县境内的流程很短，而且位于边界区，与城镇的关系最疏远。

（三）河道的水质、水量情况

1. 水质概况

山区水质可以达到一级饮用水标准，但中下游由于旅游或工业等的发展受到污染，污染沿河岸呈线状分布；由于上游建有水库蓄水，还有生活生产用水，所以下游的水质、水量均没有上游好和充足。

2. 污染地段及原因

涝河：流经户县西部，污染源主要是分布在余下、玉蝉、甘亭、涝店、大王、渭丰等乡镇的县属及乡镇企业、军工、电力行业。

新河：流经户县中东部，污染源主要分布在余下、甘亭、五竹、大王等乡镇的化工、造纸、化肥行业。

太平河：流经户县东南部，污染源主要分布在太平、草堂的工业企业和旅游企业，污染相对较轻。

甘河：流经户县西部，污染源主要分布在祖庵镇和甘河镇工业企业。

污染负荷比较：涝河 > 新河 > 甘河 > 太平河。

3. 河流的开发现状

目前四大水系长年不断流，四大水系中最便于利用的为涝河，在其出峪口处有涝惠渠，中游有抽水站；其次为甘河，出峪口处建有甘峪水库。蓄水工程有水库（甘峪水库）、湖泊（渼陂湖），引水工程有涝惠渠、太平渠、高冠渠等，提水工程如水站，抽水工程如水井等。

（四）防洪防汛及河流的治理情况

1. 汛情特点

因为河流均发源于南部山区，故降雨量与汛期、汛情有着直接的关系。户县年平均降水量为627毫米，年降水量最大为1285.6毫米。7～8月为主要降雨月份，占全年降水量的56%。

2. **治理措施**

1977年实行“园田化”时，改造整修涝河，截弯取直，并将河床西移，河堤加高加厚，减少了洪水对县城的威胁。

修建防洪渠：1985年在县城南部修防洪渠道1500米，解除了皂峪河洪水对县城的威胁；同时在东关铁路东侧修建2000米防洪渠，主要解决城东区的排水防洪；另外还有许家河沿东环路由南向北作为城区防洪第二道防线；20世纪90年代在城西涝河古道北段，修建排洪渠2300米，使城区西低凹地带与新改造的涝河连通，有效地缓解了汛期洪水对县城的压力。

设置河道堤防安全保护范围：渭河，临河30米，背河100米；沣河，临河20米，背河50米；太平河，临河20米，背河100米；涝河、甘河，临河均为20米，背河均为50米；曲峪河、潭峪河、皂峪河、栗峪河，临河均为10米，背河均为50米；其他河道临河、背河均为30米。工程设施安全保护范围为丁坝周边20米，滚水坝及跨河建筑物上游300米，下游500米（户县人民政府，2002）。

三　户县城镇与河流的关系

（一）户县城镇与河流的空间关系

1. **户县河流地域环境特点**

户县的河流上游段曲折深切，谷深、坡陡、流急；出峪后中游段切穿山前洪积倾斜平原，坡度减小，水流减缓；下游段河道横向摆动显著，具有游荡型河流特征，形成河谷平原。

秦岭山区为各级支流的上游地段，河道多处于沟谷地，谷坡多有植被覆盖，上游峪口以上基本不存在水质污染；由于地形地貌制约，人口密度较低，多为村落散布于丘陵沟谷之间。南部地区位于秦岭山区，水系上游支沟呈羽状、枝状分布，村落选址位于近沟缓坡地，取水方便。由河道、河滩、沟谷等要素构成的山地水系环境区整体系统较完整，人居对水系自然环境的干扰程度较小。

北部平原地带，川塬交错，是传统的农业耕作区，人口密集，经济发展及城镇化水平较高，对水系环境的污染与侵占也随之加剧。虽然各条河流源头水质良好，但河流经过工业区后，多年来沿岸城乡工矿企业将未经处理的废水排入河道、工业废渣垃圾倾入河床，加之农田引用未经处理的污水灌溉以及大量生活污水汇入等，导致河流的中下游水质明显恶化，水质污染超标现象十分严重，地下水也普遍受到污染。同时，由于上游引流灌溉，枯水期下游多有断流现象。此外，流经市郊的河道两岸非建设性用地不断被侵占，建设用地逼近河岸，河岸被任意开挖或倾倒垃圾，形成河岸荒芜、河道干涸的景象。

总之，各河段由于人居环境建设的不同影响，相应河流水系环境区的侵占与破坏程度有所不同，其中城镇化水平较高地区，一般对该环境区的干扰与破坏也较大，尤其是城镇建设区对相关水系非建设性环境区存在极大威胁，是生态环境区整治的关键所在（张定青、周若祁，2005a）。

2. 城镇的数量分布与河流的关系

（1）河流不同区段的城镇数量分布特点

户县地貌可以分为南部秦岭山地，中部黄土台原、洪积扇及扇缘洼地，北部渭河阶地三种类型，发源于秦岭山地、汇入渭河的河流水系根据地貌可相应分为上中下游三个区段，不同区段中城镇分布密度各有不同（见表2-1）。

表2-1 河流不同区段的城镇数量分布

河流水系区段	城镇名称	城镇数量（个）	城镇密度（个/km^2）	城镇密度系数
上游	涝峪管委会　太平管委会	2	0.0028	0.2
中游	余下镇、秦渡镇、草堂镇、蒋村镇、涝店镇、祖庵镇、庞光镇、甘河镇、石井镇、玉蝉乡、五竹乡、苍游乡、天桥乡、甘亭镇	14	0.032	2.3

续表

河流水系区段	城镇名称	城镇数量（个）	城镇密度（个/km^2）	城镇密度系数
下游	渭丰乡、大王镇	2	0.018	1.3

就城镇数量分布来看，2006 年户县具有建制的城镇 18 个，城镇密度为 0.014 个/km^2。按国际通行的城镇密度系数计算方法（描述区域城镇密度与所在区域城镇密度之比≥1.69 为城镇密集区），位于河流上游、中游和下游地区的城镇密度分别为 0.0028 个/km^2、0.032 个/km^2和 0.018 个/km^2。与县域内城镇密度（0.014 个/km^2）比较，户县河流上游、中游和下游城镇密度系数分别为 0.2、2.3 和 1.3。

结合城镇数量分布与河流区段关系图，可以得出不同河流区段城镇的分布规律。

第一，将处于河流不同区段的城镇密度系数与 1.69 进行比较，显示河流上游和下游地区属于城镇分散区，河流中游地区为城镇密集区。

第二，将河流不同区段的城镇密度进行比较，上游地区＜下游地区＜中游地区。

上游地区由于地处山地地貌，不适宜城镇的建设；下游地区和中游地区虽同为平原地貌，城镇发展的交通条件、经济条件相当，但城镇密度相差较大，究其原因，下游地区有河流防洪防汛的要求，城镇的选址及建设与河流保持一定的距离，使得城镇间在空间分布上较为疏远，从而降低了该地区的城镇密度，特别是在渭河的河漫滩处属于生态的敏感地区，因不适宜城镇建设而成为城镇建设的空白区域，降低了河流下游地区的城镇密度。

第三，就地貌来看，位于河流下游的两个城镇均位于黄土台原向渭河阶地的过渡地区，即由河流的中游地区向河流下游地区的过渡地段，说明城镇的选址是远离渭河的。

（2）与河流相对位置关系不同的城镇数量分布特点

户县城镇与河流的相对位置有三种，类型分别为跨河、沿河及离河。其中跨河城镇指河流自城镇建成区内穿过，沿河城镇指河流作为城镇一侧的边界，离河城镇指与河流之间有一定距离的城镇（见表2－2）。

表2－2 与河流相对位置关系不同的城镇数量分布

城镇位置	城镇名称	城镇数量（个）	所占比例（%）	城镇特征
跨河城镇	甘河镇、甘亭镇、涝峪管委会	3	16.7	河流自城镇区域内穿过
沿河城镇	祖庵镇、秦渡镇、余下镇、太平管委会	4	22.2	河流作为城镇一侧的边界
离河城镇	五竹乡、石井镇、庞光镇、大王镇、蒋村镇、渭丰乡、涝店镇、苍游乡、天桥乡、玉蝉乡、草堂镇	11	61.1	城镇与河流之间有一定距离

户县的跨河城镇有甘河镇、甘亭镇和涝峪管委会共3个乡镇。其中甘河镇位于白马河与甘河交汇处，甘河将其划分为东西两块区域；甘亭镇则西跨涝河、东跨潭峪河发展；位于涝河上游的涝峪管委会因地处山区，受到山地地貌的影响，只能选择地势较平缓的河谷处建设，呈现沿河谷两侧分散布局的形态。

沿河城镇有祖庵镇、余下镇、秦渡镇、太平管委会共4个乡镇。其中祖庵镇、余下镇和秦渡镇位于河流中游的平原区。秦渡镇在城镇建设之初，便选址于沿河的位置，成为依托河流发展的典型案例，目前城镇的平面形态呈扇形而不是沿河的带状，表明城镇在沿河发展到一定程度后开始向背离河流的方向发展，而这种趋于块状的形态更加有利于城镇的发展；祖庵镇靠近河流的一侧城镇的形态呈块状，而背离河流的一侧城镇的形态呈指状，表明靠近河流一侧的地区发展较为完善，城镇可以利用河流加速自身的发展；余下镇最初远离河流，随着其工业的发展，对河流产生了越来越强的依赖性，从而牵动城镇向靠近河流的方向发展；太平管委会处于太平河的出峪口处，在河流一侧的平原区进行建设，因为河流的另一侧为山地地貌，不利于城镇的建设。

离河城镇有五竹乡、石井镇、庞光镇、蒋村镇、渭丰乡、涝店镇、苍游乡、天桥乡、玉蝉乡、草堂镇、大王镇共 11 个乡镇。其中位于河流下游地段的渭丰乡和大王镇与河流之间的距离均在 2000 米以上，是因为河流下游地区容易受到洪水的侵袭而使得城镇选址于距离河流较远的位置；其他的城镇均位于河流中游的平原区，与河流之间的距离在 300～1500 米。

根据以上分析结合城镇与河流相对位置关系以及与河流相对位置关系不同的城镇在河流各区段的数量分布（见表 2－3），可以看出不同类型城镇的分布特点如下。

第一，就三种类型城镇的比例关系看，跨河城镇、沿河城镇、离河城镇三者的比例为 3:4:11，表明离河城镇占了绝大部分，而跨河城镇与沿河城镇的数量相当。

第二，跨河城镇的共同点为河流两侧的城镇区块发展并不均衡，呈现一侧较为发达而带动另一侧发展的特点；沿河城镇的共同点为城镇的发展需要借助河流资源，对于沿河选址而建的城镇，靠近河流一侧的区块相对远离河流一侧的区块发展更为成熟，对于用地逐渐向河流方向发展的城镇，通常受到新兴产业的影响，而使得城镇与河流之间的关系更加密切，这种类型的城镇随着发展有可能演变为跨河城镇；离河城镇均位于平原区，而且位于河流下游地段的城镇全部为离河城镇，与河流之间的距离相对于位于河流中游的城镇较远。

第三，根据与河流相对位置关系不同的城镇在河流各区段的数量分布（见表 2－3），将城镇与河流的相对位置以及城镇所在河流的区段结合来看，上游为山地区，城镇受地形地貌限制只能沿河谷发展，故较多为跨河、沿河城镇；下游因防洪要求多离河发展；中游处于过渡区，三种类型城镇兼有。这表明户县辖区内城镇类型随着河流区段的变化有跨河、沿河城镇（上游）—跨河、沿河、离河城镇（中游）—离河城镇（下游）的过渡特征，即由跨河、沿河城镇向离河城镇过渡。

表 2－3　与河流相对位置关系不同的城镇在河流各区段的数量分布

单位：个

城镇位置	城镇数量	河流各区段城镇数量		
		上游	中游	下游
跨河城镇	3	1	2	0
沿河城镇	4	1	3	0
离河城镇	11	0	9	2

（3）与河流不同距离段的城镇数量分布特点

除了甘河镇、甘亭镇、太平管委会 3 个跨河城镇和祖庵镇、秦渡镇、余下镇、涝峪管委会 4 个沿河城镇，将离河城镇与河流之间的距离进行了统计，如表 2－4 所示。

表 2－4　与河流不同距离段的城镇数量分布

城镇所处位置		城镇名称	城镇数量（个）	所占比例（%）	所处位置
跨河城镇		甘河镇、甘亭镇	3	16.7	河流中游
		太平管委会			河流上游
沿河城镇		祖庵镇、秦渡镇、余下镇	4	22.2	河流中游
		涝峪管委会			河流上游
离河城镇	距离 300 米	涝店镇	1	5.6	河流中游
	距离 500 米	五竹乡	1	5.6	河流中游
	距离 800 米	石井镇	1	5.6	河流中游
	距离 1000 米	苍游乡、天桥乡	2	11.1	河流中游
	距离 1500 米	玉蝉乡、蒋村镇、庞光镇、草堂镇、	4	22.2	河流中游
	距离 2100 米	大王镇	1	5.6	河流下游
	距离 2600 米	渭丰乡	1	5.6	河流下游

在离河城镇中，涝店镇距涝河 300 米，五竹乡东距改道后的新河 500 米，石井镇西距皂峪河 800 米，苍游乡距离新河 1000 米，天桥乡距离涝河 1000 米，玉蝉乡距离涝河 1500 米，蒋村镇东距离甘河 1500 米，庞光镇东距改道后的新河 1500 米，草堂镇距离太平河 1500 米，大王镇

距离新河 2100 米，渭丰乡距离涝河 2600 米。在城镇建设区与河流之间多为农田分布。

将所有离河城镇按照与河流的距离进行划分。结合与河流不同距离段的城镇数量分布（见表 2－4）和离河城镇与河流距离关系，可以看出其分布规律如下。

第一，与河流距离为 300 米、500 米、800 米、1000 米、1500 米、2100 米、2600 米的城镇个数比例为 1:1:1:2:4:1:1，表明与河流之间的距离在 1000～1500 米的为城镇分布较为密集的区域。

第二，与河流之间的距离在 300～1500 米的离河城镇均分布于河流中游的平原区，位于河流下游的大王镇和渭丰乡与河流之间的距离均超过 2000 米，出于对河流防洪防汛的要求，与河流保持了相当远的距离。

（4）不同水系的城镇数量分布特点

户县境内通过山区形成 36 条大小河流，出山后汇为涝河、新河、太平河、高冠河四条水系，对不同水系流经的城镇数量进行统计分析（见表 2－5）。

表 2－5　不同水系的城镇数量分布

城镇所处位置	流经城镇名称	城镇数量（个）	平原区流域面积（km^2）	流域范围内城镇密度（个/km^2）
涝河水系	玉蝉乡、天桥乡、蒋村镇、祖庵镇、甘河镇、涝店镇、渭丰乡、甘亭镇、涝峪管委会	9	95	1 个/10.6 km^2
新河水系	庞光镇、余下镇、五竹乡、苍游乡、大王镇、石井镇、	6	49.24	1 个/8.2 km^2
太平河水系	秦渡镇、草堂镇、太平管委会	3	21.08	1 个/7 km^2
高冠河水系	0	0	0	0

由于涝河全长 75.8 公里，流域面积 441 平方公里，山区集水面积 346 平方公里，所以在平原区的流域面积为 95 平方公里，在涝河流域附近分

布的城镇个数最多，为 9 个，平均 1 个/10.6km²；新河全长 37 公里，流域面积 87 平方公里，山区集水面积 37.76 平方公里，则在平原区的流域面积为 49.24 平方公里，在其附近分布 6 个城镇，平均 1 个/8.2km²；太平河全长 32 公里，流域面积 200.09 平方公里，山区集水面积 179.01 平方公里，平原区的流域面积为 21.08 平方公里，附近分布 3 个城镇，平均 1 个/7km²；高冠河是户县与长安区的界河，在户县境内长 23 公里，集水面积 158 平方公里，其中属户县的集水面积为 45.61 平方公里，由于在户县境内几乎都为山地的地貌特征，没有乡镇分布于此。

根据河流水系将城镇进行归类，结合不同水系的城镇数量分布（见表 2－5）、城镇数量分布与各水系关系（见图 2－9）和城镇的密集度与河流的关系（见图 2－10）可以得到城镇分布的规律。

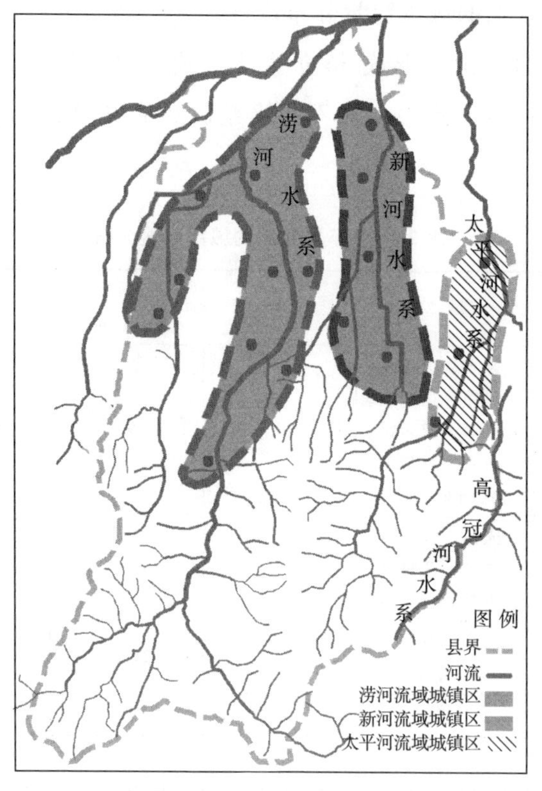

图 2－9　城镇数量分布与各水系关系

资料来源：笔者自绘。

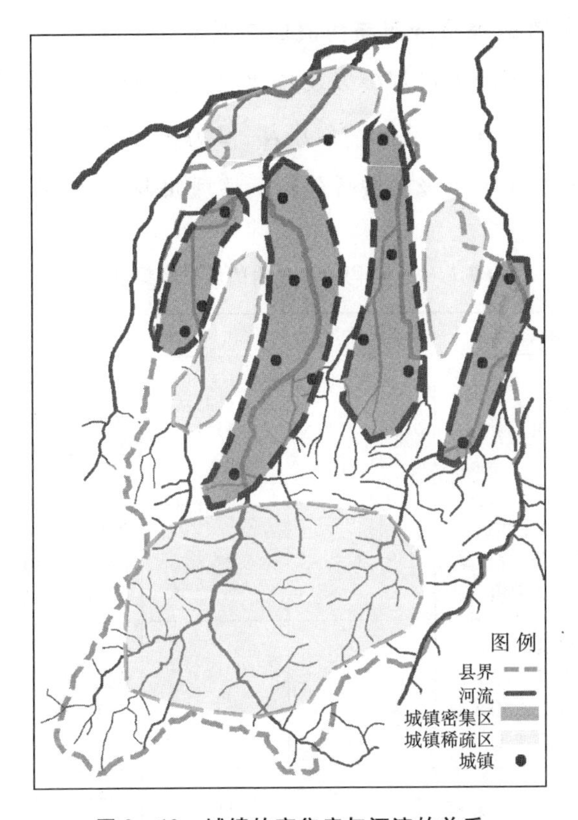

图 2－10　城镇的密集度与河流的关系

资料来源：笔者自绘。

第一，将各水系范围内城镇密度进行比较，高冠河水系 < 涝河水系 < 新河水系 < 太平河水系。由于城镇多集中在沿河地段，新河水系的各支流间距很近，比较容易形成城镇密集区；而涝河水系的干流与支流间距较远，在其中间的地带多分布农田或者村庄，而且涝河下游的入渭地段由于防汛等只有渭丰乡坐落于此，从而降低了涝河流域内的城镇密度。

第二，在户县县域内存在城镇建设的空白区，分布于涝河与甘河的中间地带、新河与太平河的中间地带以及南部。渭河河滩地和秦岭山区的自然地理条件不适宜城镇的建设，而涝河与甘河的中间地带以及新河与太平河的中间地带成为城镇建设的空白区，表明城镇与河流距离很近，城镇的发展与河流之间存在内在的关联。

3. 城镇的规模等级分布与河流的关系

根据户县城镇的人口规模以及各地的发展条件，将城镇的人口规模分别划分为大于5万人、3万~5万人、2万~3万人 、1万~2万人以及小于1万人的5个等级来进行分析，整理如表2-6所示。

表2-6 不同人口规模的城镇数量统计

城镇人口数	城镇名称	城镇数量（个）	所占比例（%）	原因分析
大于5万人	甘亭镇、余下镇	2	11.1	甘亭镇、余下镇是目前发展较为成熟的城镇，且是户县重点建设的城镇，所以人口较为集中
3万~5万人	大王镇、涝店镇、蒋村镇、秦渡镇、草堂镇	5	27.8	秦渡镇距离西安最近，所以发展较快；其他城镇均受到工业的带动，发展规模较大
2万~3万人	甘河镇、祖庵镇、庞光镇、石井镇、五竹乡、玉蝉乡、渭丰乡	7	38.9	城镇的发展会受到周围较发达城镇的辐射带动影响
1万~2万人	天桥乡、苍游乡	2	11.1	城镇的发展基础薄弱，且可利用资源较少
小于1万人	涝峪管委会、太平管委会	2	11.1	位于南部秦岭山区，不仅不适宜城镇建设，而且距离中心城镇位置较远，难以受到辐射带动作用

由表2-6可以看出，人口大于5万人的有甘亭镇、余下镇2个城镇，占城镇总数量的11.1%；人口在3万~5万人的有大王镇、涝店镇、蒋村镇、秦渡镇、草堂镇共5个城镇，占城镇总数量的27.8%；人口在2万~3万人的有甘河镇、祖庵镇、庞光镇、石井镇、五竹乡、玉蝉乡、渭丰乡共7个城镇，占城镇总数量的38.9%；人口在1万~2万人的有天桥乡、苍游乡2个城镇，占城镇总数量的11.1%；人口小于1万人的有位于南部秦岭浅山区的涝峪管委会和太平管委会，占城镇总数量的11.1%。

结合不同人口规模等级的城镇分布（见图 2－11），我们可以看出户县不同人口规模等级城镇的分布规律：甘亭镇和余下镇是全县集中建设的区域，而片区的中心城镇围绕甘亭镇在四周均匀分布，且每个片区中心城镇的附近均有人口规模较小的城镇，使得不同人口规模等级的城镇受到更高一层级城镇的带动作用而整体协调发展。将较大人口规模的城镇分布区域与较小人口规模的城镇分布区域进行划分，发现两种类型的区域分布均匀且交错分布。

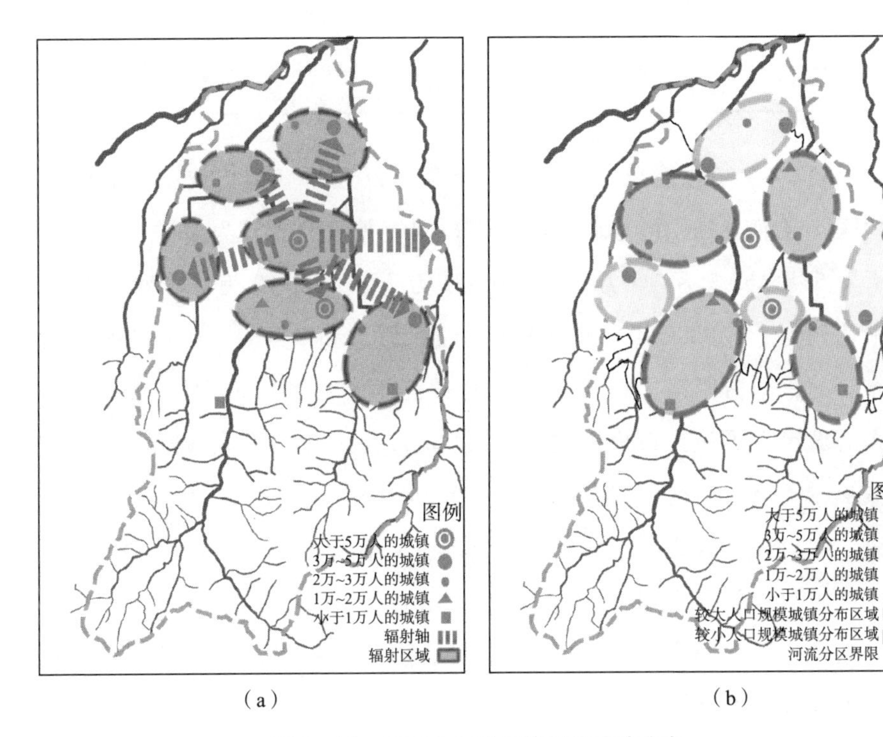

（a）　　　　（b）

图 2－11　不同人口规模等级的城镇分布

资料来源：笔者自绘。

（1）河流不同区段的各人口规模城镇分布特点

我们同样根据户县的辖区按照南部秦岭山地、中部平原区、北部渭河阶地三种不同的地貌类型，将流经县域的主要河流也相应分为上游、中游、下游三个区段（见表 2－7）。

表 2-7 河流不同区段的各人口规模城镇统计

人口规模	上游			中游			下游		
	数量（个）	与该区段城镇数量比（%）	与该人口规模城镇数量比（%）	数量（个）	与该区段城镇数量比（%）	与该人口规模城镇数量比（%）	数量（个）	与该区段城镇数量比（%）	与该人口规模城镇数量比（%）
大于5万人	0	0	0	2	14.3	100	0	0	0
3万~5万人	0	0	0	4	28.6	80	1	50	20
2万~3万人	0	0	0	6	42.9	85.7	1	50	14.3
1万~2万人	0	0	0	2	14.3	100	0	0	0
小于1万人	2	100	100	0	0	0	0	0	0
总计	2			14			2		

由表2-7可以看出，人口规模小于1万人的城镇均位于河流的上游地区。在河流的中游地区，城镇人口规模等级分布较为多样，人口规模大于5万人、3万~5万人、2万~3万人、1万~2万人四种类型的城镇比例为1:2:3:1，其中人口规模大于5万人和1万~2万人的城镇均分布于此，即占了该人口规模城镇总数的100%，人口规模为3万~5万人的城镇占了该人口规模城镇总数的80%，人口规模为2万~3万人的城镇占了该人口规模城镇总数的85.7%。在河流的下游地区的2个城镇，人口规模为3万~5万人和2万~3万人各1个，分别占其人口规模城镇数量的20%和14.3%。

结合河流不同区段的各人口规模城镇分布（见图2-12），可以看出各人口规模的城镇分布特点如下。

位于河流上游地区的城镇虽然都处于浅山区，但相较于平原地区，其地理地貌对城镇的发展仍存在很强的限制因素；位于河流中游地区的城镇人口规模均在1万人以上，且集中在2万~3万人和3万~5万人两个层次中，具备一定的规模；位于河流下游地区的城镇人口规模较大，主要是受到当地经济的带动作用，促进了城镇的发展。

（2）与河流相对位置不同关系的各人口规模城镇分布特点

结合与河流相对位置不同关系的城镇数量分布统计和不同人口规模

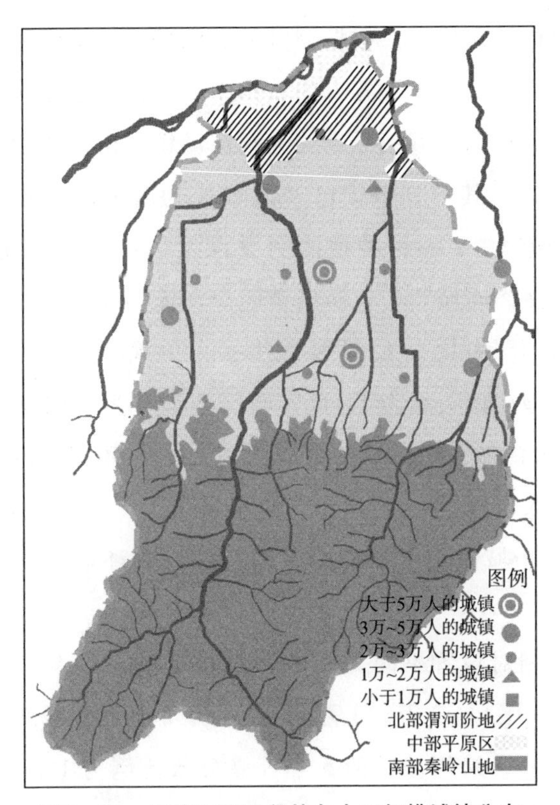

图 2－12　河流不同区段的各人口规模城镇分布

资料来源：笔者自绘。

的城镇数量统计，可以得出与河流相对位置不同关系的各人口规模城镇统计（见表 2－8）。

表 2－8　与河流相对位置不同关系的各人口规模城镇统计

人口规模	跨河城镇			沿河城镇			离河城镇		
	数量（个）	与该位置城镇数量比（%）	与该人口规模城镇数量比（%）	数量（个）	与该位置城镇数量比（%）	与该人口规模城镇数量比（%）	数量（个）	与该位置城镇数量比（%）	与该人口规模城镇数量比（%）
大于 5 万人	1	33.3	50	1	25	50	0	0	0
3 万～5 万人	0	0	0	1	25	20	4	36.4	80
2 万～3 万人	1	33.3	14.3	1	25	14.3	5	45.5	71.4
1 万～2 万人	0	0	0	0	0	0	2	18.2	100
小于 1 万人	1	33.3	50	1	25	50	0	0	0
总计	3			4			11		

从人口规模的角度看，根据划分的跨河城镇、沿河城镇和离河城镇三种类型，人口规模大于5万人的城镇中，三种类型比例关系为1:1:0，甘亭镇和余下镇这两个城镇原来均为离河城镇，由于城镇发展的需要而向河流方向靠拢，其中甘亭镇已经发展成为跨河城镇；人口规模在3万~5万人的城镇中，三种类型比例关系为0:1:4，秦渡镇在选址之初便沿河而建，在离河城镇中，涝店镇距离河流为300米，而其他3个城镇与河流之间的距离均在1500米以上；人口规模在2万~3万人的城镇中，三种类型比例关系为1:1:5，城镇类型多为离河城镇；人口规模在1万~2万人的城镇中，三种类型比例关系为0:0:2，两个城镇均为离河城镇；对于人口规模小于1万人的城镇中，三种类型比例关系为1:1:0，由于这两个城镇位于秦岭山区的特殊地貌环境，所以不存在离河城镇。

从与河流相对位置不同关系的城镇角度看，按照人口规模大于5万人、3万~5万人、2万~3万人、1万~2万人以及小于1万人的5个等级进行划分，跨河城镇的5个等级分布比例为1:0:1:0:1，沿河城镇的5个等级分布比例为1:1:1:0:1，离河城镇的5个等级分布比例为0:4:5:2:0。

从分析中，我们可以得到与河流相对位置不同关系的各人口规模城镇分布特点如下。

第一，人口规模大于5万人的城镇不存在离河的类型，表明较发达的城镇均对河流有一定的依赖性，河流能够促进城镇的发展。

第二，人口规模在2万人以上具有发展潜力的城镇，三种类型分布比例较为均衡。

第三，人口规模在2万人以下的城镇中，位于山区的有跨河城镇和沿河城镇，与其所在的地理地貌有直接的关系，而位于平原区的苍游乡和天桥乡两个城镇的发展与河流没有密切的关系。

第四，跨河城镇和沿河城镇的各人口规模等级的城镇分布都较均匀，离河城镇集中在人口规模为2万~5万人的城镇中。

（3）与河流不同距离段的各人口规模城镇分布特点

根据与河流不同距离段的城镇数量分布和不同人口规模的城镇数量统计，可以得出与河流不同距离段的各人口规模城镇分布（见表2－9）。

表2－9　与河流不同距离段的各人口规模城镇分布

人口规模	300～800米			1000～1500米			2100～2600米		
	数量（个）	与该距离段城镇数量比（%）	与该人口规模城镇数量比（%）	数量（个）	与该距离段城镇数量比（%）	与该人口规模城镇数量比（%）	数量（个）	与该距离段城镇数量比（%）	与该人口规模城镇数量比（%）
大于5万人	0	0	0	0	0	0	0	0	0
3万～5万人	1	33.3	25	2	33.3	50	1	50	25
2万～3万人	2	66.7	40	2	33.3	40	1	50	20
1万～2万人	0	0	0	2	33.3	100	0	0	0
小于1万人	0	0	0	0	0	0	0	0	0
总计	3			6			2		

从表2－9中，我们可以得出与河流不同距离段的各人口规模城镇分布规律如下。

第一，人口规模大于5万人及小于1万人的城镇均为跨河城镇和沿河城镇。

第二，人口规模在2万～5万人的较发达城镇多集中在1000～1500米范围内。

第三，人口规模在1万～2万人的欠发达城镇均分布在1000～1500米范围内。

第四，位于1000～1500米范围内的城镇类型较为多样，且分布均衡。

（4）不同水系的各人口规模城镇分布特点

根据不同水系的各人口规模城镇分布（见图2－13），可以得出各水系各人口规模的城镇分布规律如下。

第一，涝河水系和新河水系由于其流域范围较广，位于流域范围内的各人口规模等级城镇分布较为平均。

第二，太平河流域范围内的城镇除了太平管委会因为山地地貌限制城镇发展，位于平原区的 2 个城镇均为依托河流而发展起来的较发达城镇。

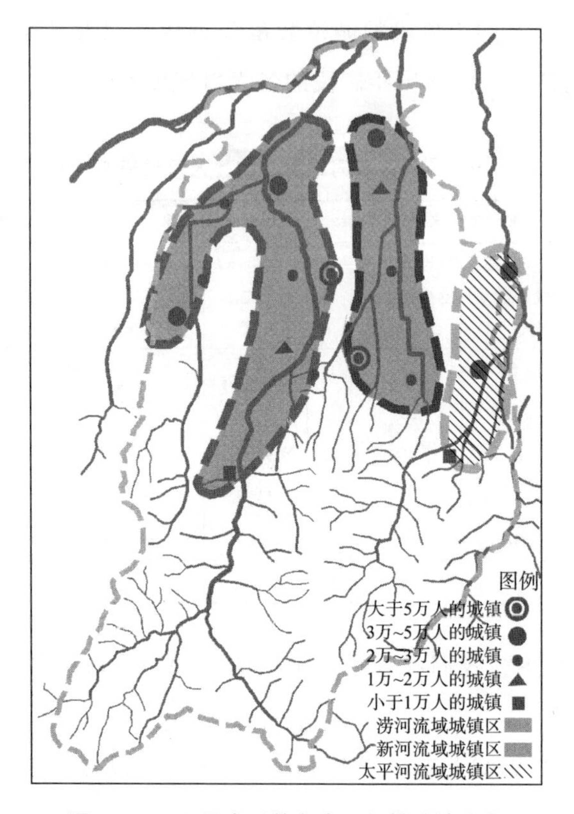

图 2－13　不同水系的各人口规模城镇分布

资料来源：笔者自绘。

4. 不同性质的城镇分布与河流的关系

因所处区位不同，资源禀赋条件不同，加之受其他种种因素影响，每个城镇都有不同的主要职能。按照主要职能划分，可大致分为如下类型：工业主导型城镇、交通枢纽型城镇、旅游服务型城镇、卫星型城镇等（见表 2－10）。

表 2－10　不同性质的城镇分布统计

城镇性质	城镇名称	形成原因
综合型	甘亭镇	户县县政府所在地，重点建设区，区域优势明显
工业主导型	余下镇、秦渡镇	余下镇已经形成电力、化工工业区，且毗邻沣京工业园区；秦渡镇受到西安的经济辐射作用

续表

城镇性质	城镇名称	形成原因
交通枢纽型	草堂镇	草堂镇是依托省道 107 发展起来的
商贸型	渭丰乡、大王镇、涝店镇、甘河镇、	渭丰乡、大王镇的纸箱制造和涝店镇、甘河镇的造纸
旅游服务型	石井镇、庞光镇、涝峪管委会、太平管委会	石井镇、庞光镇位于秦岭山麓与平原衔接的地带，涵盖在户县未来的城镇规划的旅游生态带中；涝峪管委会和太平管委会在其辖区内建有太平国家森林公园和朱雀国家森林公园，具有天然的开发条件
卫星型	五竹乡	五竹乡是在甘亭镇的带动下发展起来的
“三农”服务型	蒋村镇、天桥乡、祖庵镇、苍游乡、玉蝉乡	耕地资源较好，涵盖在户县未来的城镇规划的生态农业带中

结合不同性质的城镇分布统计（见表 2－10）和不同性质的城镇分布与河流的关系（见图 2－14）可知，旅游服务型城镇多分布在河流的

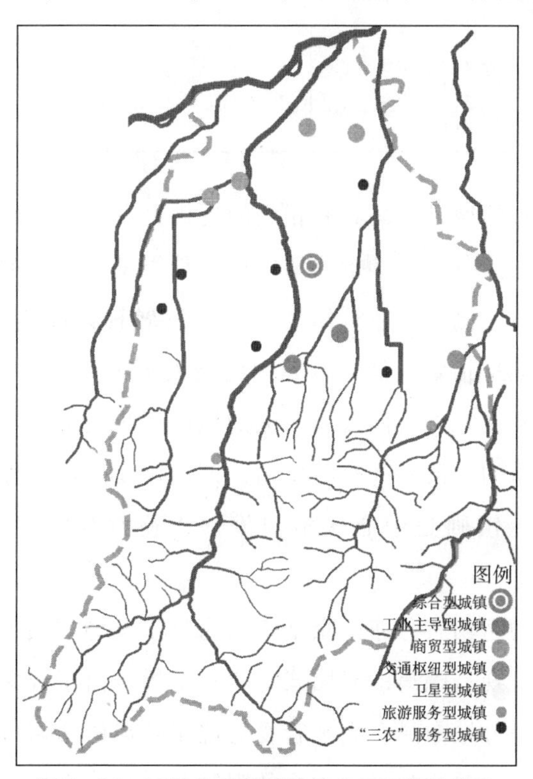

图 2－14　不同性质的城镇分布与河流的关系

资料来源：笔者自绘。

上游，凭借其优越的自然环境而发展旅游业，多功能的城镇多分布在河流的中游，而河流下游多分布商贸型城镇。

5. 不同形态的城镇与河流的关系

由于城镇中心区不断向外围扩展，根据城镇的不同形态，可将之分为块状、带状、有隔离的组团式等（见表2－11）。

表2－11　不同形态的城镇统计

城镇形态类型	城镇名称	数量（个）	所占比例（%）	形态特征
块状	渭丰乡、大王镇、蒋村镇、草堂镇、庞光镇、五竹乡、石井镇、天桥乡、秦渡镇、甘亭镇	11	61.1	长宽比例<1:2
带状	甘河镇、涝店镇、苍游乡	3	16.7	长宽比例≥1:2
有隔离的组团式	余下镇、玉蝉乡、太平管委会、涝峪管委会	4	22.2	建设区分散布局

呈块状分布的城镇，均具有相当的规模，发展较为成熟，在其基础上，又可以划分为方块状、指状和扇形三种类型。其中祖庵镇为指状类型，其位于涝河一侧，在靠近涝河的一侧发展较为成熟，呈块状布局，背离涝河的一侧呈指状发展，有趋向河流发展的趋势。秦渡镇为扇形，其城镇先沿河发展，然后向远离河流的地区逐步发展。

呈带状分布的甘河镇为跨河城镇，该城镇在发展过程中由中心区向河流发展，涝店镇则是中心区沿河发展，苍游乡的城镇建设向河流靠拢。

呈有隔离的组团式分布的余下镇因为是工业型城镇，工业区与居住区分离，所以呈现有隔离的组团式形状；玉蝉乡由于规模较小，城镇建设不够完善，呈分散布局；太平管委会位于新河的出峪口处，虽不受山地地貌的限制，但受到建设区地形的限制，而且建设用地相对于居住人口来说很宽裕，所以呈分散布局的形态，但总体发展趋势是沿河发展；

涝峪管委会由于地处山地，受到地貌的限制，沿河呈错落分散的布局形式。

6. 户县城镇分布与河流的关系综述

位于河流上游的城镇分布极为稀疏，人口规模均在1万人以下，因受到山地地貌的影响，城镇沿河而建，表现为有隔离的组团式的形态特征，依托其优越的景观资源，属于旅游服务型城镇。

河流中游平原地段为城镇分布最为密集的地段，人口规模也均在2万人之上，与河流的相对位置关系较为多样，跨河、沿河、离河而建的城镇均有分布：跨河发展的城镇具有河流一侧地区较为发达而带动另一侧发展的特点；沿河城镇在形态上有扇形和指状之分，共同点为靠近河流一侧的地区相对远离河流一侧的地区发展更为成熟；离河城镇与河流的距离最短为300米，多保持在1000~1500米。就不同水系的城镇分布特点来看，各流域范围内的城镇密度与其流域面积没有直接的关系，更多取决于水系各支流的密集程度；城镇密度最高的地区分布于涝河水系和新河水系，城镇建设的两处空白区分别位于涝河和甘河之间、新河和太平河之间，以上两点均验证了城镇多距离河流很近的分布规律。由于位于平原区，交通便利，城镇的职能类型多样，其中农业型城镇和工业型城镇则更多依托河流发展。

河流下游出于防汛要求，城镇分布较为稀疏，且均分布于渭河河滩之外的阶地平原上，与河流保持相当远的距离，其中大王镇距离新河2100米，渭丰乡距离涝河2600米，两个城镇均为商贸型城镇，受到经济的影响，人口规模较大，但城镇发展对河流的依赖性不强。

7. 户县城镇发展对河流的影响

（1）经济发展造成的影响

首先是工业。

由于用水和排水的需求，城镇的工业常沿河布局，则河流的污染呈线性分布。工业污水主要来源于造纸行业和电力行业，部分污染企业只顾局部利益，固守“先污染、后治理”的思想，对环境的污染和资源的浪费熟视无睹。户县的工业大镇余下镇，其化工厂（见图 2 – 15）及电厂将工业污水直接排入潭峪河，而对河流造成了污染。

图 2 – 15　余下镇化工厂的污水直接排入河流

资料来源：笔者拍摄。

其次是矿业。

户县的矿业污染集中在南部秦岭山区，采矿弃渣、废水无序排放，既堵塞河道，又污染水源；对矿产掠夺式的开采造成山区植被涵水结构的破坏，而形成了水土流失的状况；采矿造成随意占用林地，目前还没有复耕措施；矿物中的重金属元素污染了水源和土壤。

再次是农业。

虽然农业用水都是地下水，但由于农田邻近河道，所以农药、化肥仍不可避免地污染了地下水源，从而对河流造成污染。

最后是旅游业。

作为城镇发展重要的经济来源，河流为该区旅游业的发展提供了得天独厚的条件。然而，由于管理的疏忽和人们的意识较弱，旅游业的发展加重了河流的污染情况。这些污染主要表现在废水污染；驻地生活垃圾和旅游区垃圾对河道造成污染；厕所设置把涝河、太平河作为排泄渠道，造成河水污染以及养殖、洗车、洗衣、游泳等造成的人为污染。

（2）城镇建设造成的影响

城镇的盲目扩展用地、不合理规划和破坏性建设，造成土地利用与开发失控，建设用地不断向河岸侵蚀，干扰、破坏了河流赖以稳定的自然边界系统和自然演进过程，使得河流生态系统结构与功能的完整性被破坏。同时，城镇的工业污水和生活污水也是致使河流受到污染的主要因素。

（3）水利建设造成的影响

首先是截弯取直。

在户县的河流中，经过人为截弯取直的河流有甘河和新河。其中原为渭河一级支流的甘河在 1953～1957 年，改由王家坊起经东寨、祖庵到谭家滩汇入白马河，折向东北于元村十二户投入涝河；1977 年冬，将甘河由王家坊以下沿南北一号路北流，至甘水坊沿西宝公路东流到涝店入涝河，实际上甘河自王家坊、东寨之下已为人工改造后河道，改道后比原河道缩短 9.7 公里；新河在 1977 年实行“园田化”时，曾将原来弯曲的河道改直。

河道改直后，利和弊两方面的影响都存在，其中有利的表现为排水快、拐弯少、节省土地、石头滩可复耕；弊端表现为河流的流速变快不利于防汛，河流的冲刷力变大可能引起决堤，原河道的土壤条件不适合耕作，渗透慢而不利于蓄积地下水造成的地下水位下降、河流的比降变大等（见图 2－16）。

其次是筑坝截流。

河流水系是城市中一个重要的连续自然景观元素，它们为城市的整体景观设计提供了一个蓝本，作为多种乡土物种的栖息地和通道，也为城市居民提供了一个连续的休闲空间和环境认知空间。然而，这一连续体却常常因为人们拦河筑坝而失去连续性，并由此产生很多弊端：变流水为死水，富营养化加剧，水质变差；破坏了河流的连续性，使鱼类及其他生物的迁徙和繁衍过程受阻；影响下游河道自然景观等。

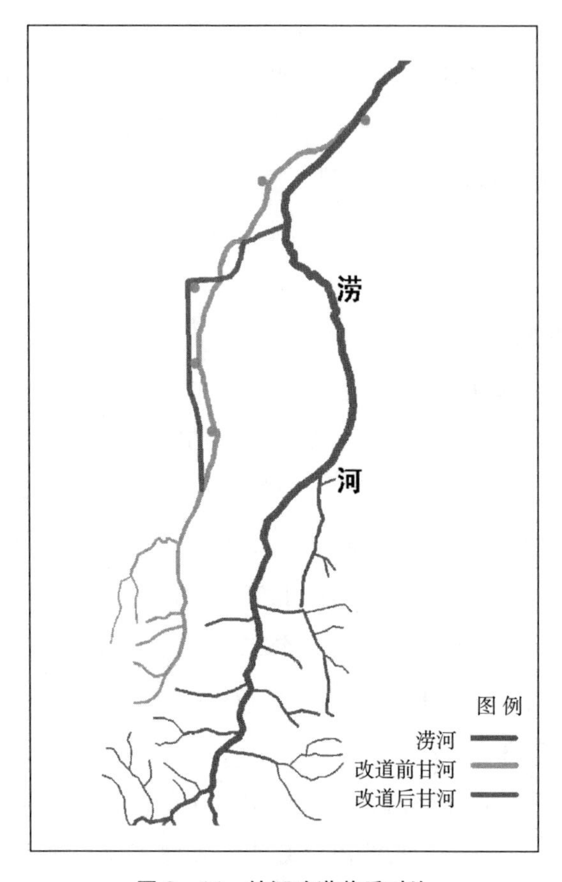

图 2-16　甘河改道前后对比

资料来源：笔者自绘。

8. 河流生态环境遭到破坏

（1）河流污染

户县南部山区的采矿及旅游开发造成的人为污染，河流中游地区的生活垃圾、工业废水的排放都使得河流受到了不同程度的污染，河流在入渭河的河滩地段成为Ⅲ级水质，不但破坏了河流自身的生态环境，对渭河的生态环境也造成了直接的破坏（见图 2-17、图 2-18）。

据户县环保局统计，工业企业废水中主要污染物的排放总量为 4376.42 吨，生活污水中污染物排放总量为 701.38 吨，故排入涝河流域的污染物排放总量为 5077.80 吨。

图 2－17　被污染的潭峪河

资料来源：http://news. qq. com/。

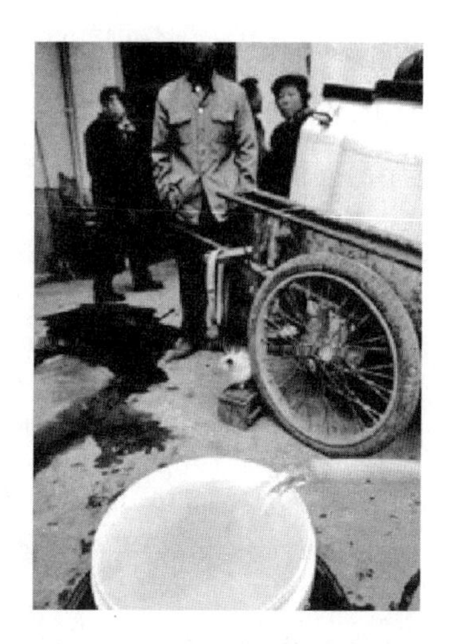

图 2－18　井里打出的绿水

资料来源：http://news. sina. com. cn。

目前，县上主要的排污企业有西安北方惠安化学工业有限公司、西安国维淀粉厂、陕西沣京化肥厂（均属未达标企业），还有西安银泉纸业有限公司等 8 家已通过市、县环保部门达标验收的造纸企业也在排污。另外，长安区马王镇的生活用水以及该镇的 4 家造纸企业的废水、户县城区的部分生活用水都注入了新河。

据《华商报》报道，生活在新河户县段两岸 3 个乡镇 8 个村庄 6000 余名群众长期饮用的浅层地下水水质受到严重污染，村民发病率明显上升。据韩东村村民们讲，四五年前位于村旁的黄柏河还是清澈见底，孩子们常常从河里捕鱼拿回烧着吃，妇女们也不用打井水，直接到河里去洗衣、洗菜。可是现在河道里全是污浊不堪的城市生活垃圾和下面涌动着的、令人作呕的酱色污水及其散发出的熏人恶臭。无独有偶，庞光镇王寨村有 40 余户人家，从自家井里打出来的水为绿色的，而之前的水质一直相当良好，推测是饮用水遭到污染的原因。由此，以至于有了“河水变‘酱油’，井水成‘茶水’”的说法。

造成户县地下水污染的原因是长期以来河道污水下渗，新河的污染主要是造纸行业排出的污水所致。1996 年以来，户县造纸企业曾一度达到 68 家，其中许多纸厂的排污设施不达标。通过几年来的治理，县上已关闭了绝大多数的不合格企业，目前户县造纸企业只剩 13 家，其中还有 5 家仍在整治中。

（2）水土流失

户县山区属土石山区，土质松散，抗蚀性差，加上山区植被遭到破坏，造成水源涵养能力降低，洪水次数增多，流量增大。水土流失的特点为：时间集中，主要在 6 月、7 月、8 月、9 月四个月，浅山区比深山区严重，人为活动区比非人为活动区严重。水土流失不只是资源的浪费，更带来一系列的不堪设想的后果。例如，洪水可以冲毁道路、桥梁、河堤，近几年，太平河河堤、滚水坝毁坏严重；暴雨引发的泥石流，阻塞道路，淤塞河道，淤积库塘，减少灌溉面积等。这不但降低经济效益，人们的安全也受到了威胁。

（3）河道萎缩

水土的流失、河道的淤积造成河流中下游的河床不断上升，加上水库的蓄水工程、城市建设用地的不断入侵，致使河道逐渐萎缩，甚至有的河道出现干涸的现象，从而破坏了自然的生态平衡（见图 2－19、图 2－20、图 2－21）。

图 2－19　新河河道萎缩状况

资料来源：笔者拍摄。

图 2－20　已经干涸的白马河

资料来源：笔者拍摄。

（4）生境退化

随着城镇的发展，水系自然生境退化加剧，河流如今陷入多种困境：水系枯竭，河道萎缩，水质恶化，河岸荒芜，城市的蔓延仍不断蚕

图 2-21　潭峪河河道萎缩状况

资料来源：笔者拍摄。

食着滨河地带；流域景观格局显著改变，多种鸟类及动物绝迹，例如清光绪时所修《户县乡土志》中作为其地方特产而记载的虎、猿猴等现已绝迹；自 20 世纪 60 年代到现在，由于水面面积逐年减少，白鹤、白鹭也已绝迹；此外，植被退化、消失，生物多样性降低；河流调蓄能力大大减弱，平时干旱，夏季雨期暴雨成灾，频繁的洪涝灾害造成了严重损失。

（5）景观破坏

由于人们对于水体的天性偏好，在政府的景观形象工程以及房地产业的迅猛推动下，在河道周边开发住宅区和旅游游憩区成为城镇建设热点。而对于户县地区，在涝河甘亭镇段开发的西户滨河花园一方面加强了与西安的联系，另一方面却容纳大量人的活动而使河流水系遭到污染。开发的范围逐步扩大，如果政府部门缺乏宏观调控，而开发商的开发只考虑局部利益，就会造成河流周边景观出现无序的状态，进而破坏沿河的景观环境。

第二节　户县城镇发展与河流的生态重构

一　城镇发展生态指导思想

（一）城镇结合河流的生态建设理念

河流水系具有高度的生态敏感性，担负着地区生态安全的功能。

河流在城镇盲目建设的侵蚀下，水土资源流失、破坏，已造成该环境区生态系统的显著退化，地区生态脆弱性进一步加剧，已成为制约本地区城镇可持续发展的重要因素。历史经验与有关城镇理论证明，河流水系与城镇发展之间具有相互制约性和相互受益性，更是生态环境重建的关键方面。对河流地区的整体规划与控制，协调城镇建设区与河流水系之间的关系，缓解并改善城镇发展与生态建设之间的矛盾，保护、恢复和重建生态环境，已成为该地区人居环境建设的一项重要任务（张定青、周若祁，2005b）。

1. 城镇河流地区的复合生态价值

城镇是有由社会、经济、自然三个亚系统组成的复合生态系统。

河流是城镇自然生态系统中极为重要的一部分，可以用“唇亡齿寒”来形容它与城镇整体生态环境的关系。相对于城镇其他地区而言，它的生态价值又具有特质性：在满足城镇自然生态需求的同时，还具有丰富的社会人文价值和经济价值，是城镇社会、经济生态系统的一部分。因此，它的生态价值具有自然生态价值、城镇建设功用价值、社会人文公共价值的复合性。其中自然生态价值表现在维护城镇生物多样性、改善城市气候、调节城镇水文以及作为地下水源的补给维持城区生命与非生命系统等方面，城镇建设功用价值表现为河流沿岸的土地使用的经济价值和公共活动的功用价值，社会人文公共价值表现在改善城镇景观的美学价值、丰富城镇生活的社会价值和塑造城镇特色的文化价值等方面。

综上所述，在河流地区的复合价值体系中，自然生态价值是基础，城镇建设功用价值是命脉，社会人文公共价值是主导。只有确保自然生态价值的实现，才能保证其他两方面价值达到最大化，并具有可持续性（叶林，2004）。

2. 城镇河流地区建设的生态理念

整体性理念：也为系统性，包括流域的整体性和城镇的整体性，单从“河流”或“城镇”来看，是不可能实现的，而必须把要研究的地区纳入整个河流流域和城镇体系这两个大的范围中去，使之有机协调。

经济性理念：河流地区具有得天独厚的生态优势，生态优势直接表现为舒适的环境——宜人的气候、优美的景观等，这是经济性实现的基础。合理地使用河流周边地带土地，提高河流地区环境资源的生产能力；强化土地使用的集中功能，改变以往零碎布局、见缝插针的做法，按河流地区的整体功能分区予以集中，避免土地使用无序现象的出现。

多样性理念：多样性是生态系统稳定有序的保证。对于滨河地区建设，既要体现自然多样性，也要体现土地使用的多样性。

安全性理念：河流地区是自然生态敏感地带，对人类活动的反应强烈，容易发生恶化，受扰动后不易恢复。人为灾害主要是指人为活动对河流自然属性造成的破坏，包括水环境污染、生态敏感区破坏等。同时，该地区受水文条件、地形特征、地质构造、气候等自然因素影响，容易发生洪水、滑坡、泥石流等自然灾害（叶林，2004）。

（二）城镇结合河流的生态建设思路

1. 整体规划与控制

从区域整体层面研究河流水系的生态现状及不同区段的特点，根据其区位、自然生态条件及土地利用状况，分析它们在城镇总体空间格局中的定位及其与城镇的关系，综合确定其生态、生产或景观、休闲游览功能，并进行用地范围与使用性质的双重控制。在城镇层面，应根据河流水系生境的生态功能及其影响，确定各城镇规划区内河流各区段合理的用地界域。促进城镇与河流水系的空间耦合，激发基于二者内在生态关联的边缘效应，将保护环境、塑造城镇空间特色和发掘环境空间价值、提高潜在的环境经济效益统一起来，促进城镇土地使用步入良性循环的轨道。

2. 结合区域环境的生态建设

生态建设应体现鲜明的地域性特点，从河流各区段的自然生态特点及与城镇的相互关系来看，各支流上游秦岭山区地带以水源涵养、水土保持、生态防护功能为主，应加强森林植被覆盖，控制水土流失，村镇建设用地逐步由坡地向平地迁移，退耕还林，积极发展生态林果业，结合自然地理特色及历史人文景观发展生态旅游。各支流中下游地段重点加强与城镇建设区密切相关的水系环境区的控制，严格落实土地利用总体规划，控制城镇建设用地的无序扩展与侵蚀；同时加大对污染河流的治理力度，综合整治河道，对河流水系及沿岸环境进行生态恢复；对于流经城镇建成区的河道，进行滨水空间的生态与景观规划。渭河干流两岸，以确保防洪安全为重点，加强堤岸及生态防护林带建设，对于湿地保护区，加强生态恢复，重现湿地自然景观。

3. 引导城镇布局和规划建设

在城镇体系规划中，从区域范围和整体环境重新审视城镇地域内河流环境区，有可能给城镇规划建设带来新的契机，形成更为合理的城镇空间结构与形态。比如通过水系廊道的相互联系，形成廊道、斑块之间的相互联结，将公园、苗圃、农田、自然保护地等纳入绿色网络，使水系绿色廊道不仅围绕在城区周围，而且把自然引入城区，成为城镇融合的纽带，从而构成一个自然、多样、高效、有一定自我维持能力的动态绿色景观结构体系，促进城镇与自然的协调。

二　户县城镇发展与河流的生态整合重构

根据户县 2002 年县域规划，从经济发展的角度，结合各区域的产业发展条件，提出了划分生态保护带、旅游开发带、精品农业带、苗木花卉带、发展预留带以及城镇建设区、工业园区、大学城区的“五带三区”的构想（见图 2 - 22）。其中，只有南部秦岭山区的建设是以生态保护为主的，其他区域的建设均是以产业的快速发展为出发点，而未考虑到各区域的生态建设问题。

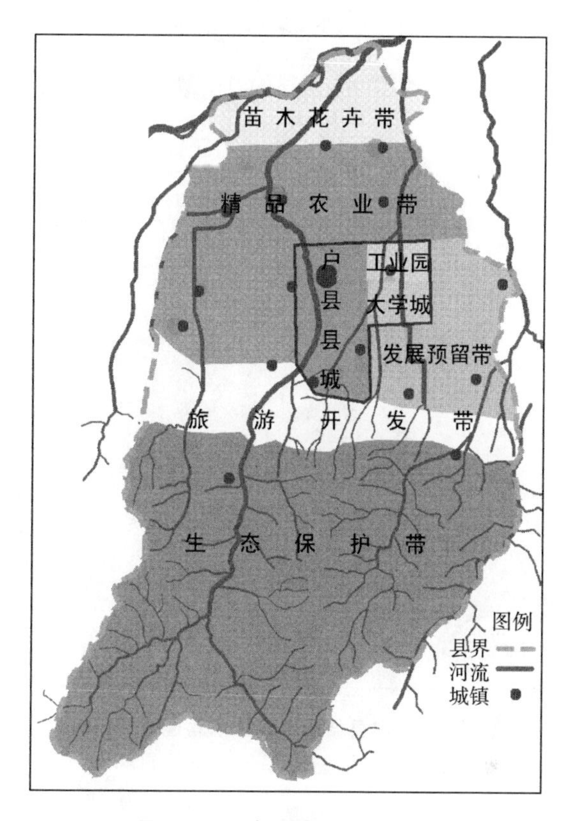

图 2－22　户县功能分区示意

资料来源：笔者自绘。

所以，在当地政府对县域内各经济产业区的方向定位的基础上，以及河流地区生态建设的理念的理论指导下，以生态保护和生态协调为根本的出发点，在综合分析本地自然地理条件、区位条件、资源现状后，提出了结合河流的户县生态功能分区格局，划分出了六大功能空间（见图 2－23），分别为南部森林生态保护区，中西部水域生态旅游区，中东部城镇化生态功能区，中北部粮、经生态农业区，北部苗木花卉生态农业区以及北部自然保护区。

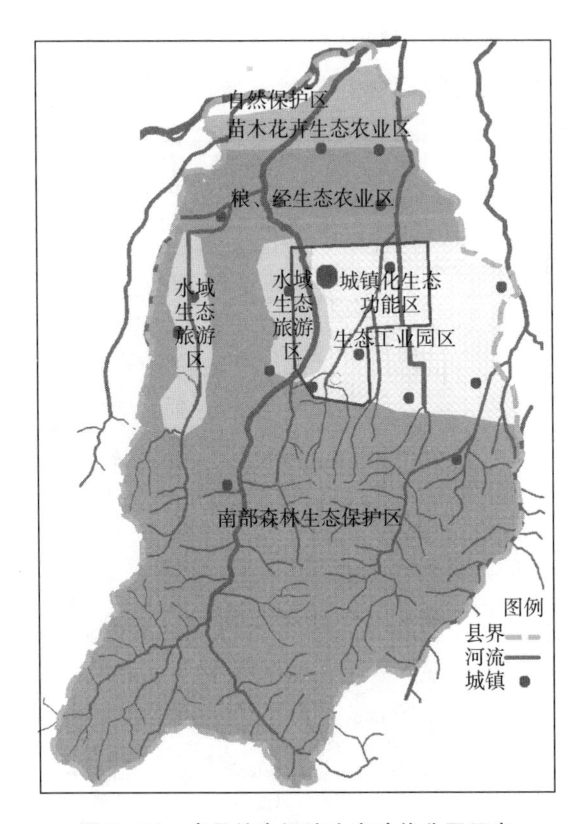

图 2-23　户县结合河流生态功能分区示意

资料来源：笔者自绘。

（一）南部森林生态保护区

范围：该区为南部的秦岭山地，面积约 560 平方公里。

内部生态功能：该区主要为山地地区，生态脆弱，生态服务功能以水源涵养和水土保持为主导，辅助生态功能为休闲旅游。

外部生态支持：该区原有涝峪乡和太平乡，在撤乡并镇时期，出于对生态保护的考虑而改为涝峪旅游区管委会和太平旅游区管委会，从而限制了该区城镇的发展，为该区提供了水土保持的空间尺度支持。

生态发展方向：该区山高坡陡、土层薄、农耕地少，现多为林草地及荒山草坡，但水资源丰富，水质纯净，自然生态系统基础较好。该区应以生态保育为主，重点保护水源涵养功能区和生物多样性。

产业发展方向：以太平国家森林公园和朱雀国家森林公园为主题，扩大建林范围，调整林木结构，完善配套服务设施，形成集旅游度假、会议中心、疗养功能为一体的度假基地，实现环境优美、经济发达的目标。在切实保护好森林资源的前提下，增加山地林木资源，发展特色农林产品，最终成为全县生态环境保护与建设的示范区。

（二）中西部水域生态旅游区

范围：该区位于涝河在甘亭镇地段，面积约220平方公里。依托渼陂湖的优美自然环境，作为户县中部地区的旅游中心，形成水上娱乐与农家风情游相结合的中部水上旅游区。

内部生态功能：具有生态涵养、污染净化、调节微气候的生态功能，同时也具有动植物栖息地和物种多样性保护、休闲娱乐等功能。

外部生态支持：南部森林生态保护区，中东部城镇化生态功能区，中北部粮、经生态农业区为该区提供了多样化的外部生态支持作用。

生态发展方向：做好渼陂湖环境保护工作，包括引水工程、绿化工程、保护野生动植物工程等；注重自然景观特色的塑造，形成独特的生态景观走廊。

（三）中东部城镇化生态功能区

范围：主要是甘亭镇、余下镇一带，面积约180平方公里。甘亭镇是户县的县政府所在地，系全县的政治、经济、文化中心；余下镇是全县第二大镇，工业和城镇建设的基础条件较好。两镇具有快速城镇化发展的潜力，且随着城镇的发展联系越来越紧密。

内部生态功能：此区属于平原河网区，生态脆弱表现在土壤侵蚀敏感和城市污染破坏较大，生态服务功能以休闲娱乐和景观调节为主导，辅助生态功能为城镇生态景观功能。

外部生态支持：此区周边的生态系统类型多样，为该区提供水源涵养、水文调蓄、污染净化、洪水调蓄和气候调节等生态服务功能支持，形成自然和人文景观的汇集点。

生态发展方向：生态环境质量良好，有一定的工业经济基础，具备典型的城镇生态环境特征。在大力发展城镇的社会经济的同时，应当保留或增加一些生态单元，以处理好城镇建设与环境承载力的关系，保证生态环境的稳定与改善。充分利用本区的生态服务功能，提升城镇景观设计品质，保护和建设涝河、潭峪河两岸的景观生态功能，建设生态人居环境，发展城镇生态文化，塑造具有当地特色的城镇风貌。

产业发展方向：通过甘亭镇的新城建设，完善城市功能。注重改造传统产业，大力发展新兴产业，优化工业园区的产业结构，培育新的经济增长点。完善交通运输方式和道路交通网络，优化投资环境，从而带动房地产业、科技教育、商业贸易等第三产业的发展。周边区域以发展生态农业为主，利用城郊的优势区位和土地资源特点，建立绿色蔬菜基地、花卉种植基地和观光农业基地等，结合该区深厚的宗教文化古迹等人文景观，带动全县旅游业的发展。

（四）中北部粮、经生态农业区

范围：该区包括涝店镇、甘河乡、苍游乡的几个大型农场及周边地区，面积约160平方公里。

内部生态功能：主要是涝河沿岸的滨河地域空间。生态脆弱表现在土壤侵蚀敏感和水土污染侵蚀，生态服务功能以环境净化为主导，辅助生态功能是生态农业。

外部生态支持：南部毗邻城镇化生态功能区，在辐射该区的经济与产业发展的同时也使该区受到河流污染的生态胁迫；北部为苗木花卉生态农业区，可与之协调发展，为该区城镇建设提供重要的生态支持。

生态发展方向：该区耕地比重大，是全市粮、棉、麻、果、桑、菜和多种经济作物的主产区，建设用地比例较高，城镇密布，交通发达。因此要切实保护耕地，加大农田的整治力度，加强基本农田保护区建设。严格落实城镇用地总体规划，加强工业用地和集镇用地的管理。

产业发展方向：大力发展现代农业、生态农业，建立农产品标准化生产基地和花卉、苗木生产基地。

（五）北部苗木花卉生态农业区

范围：该区位于渭河阶地地段，面积约 105 平方公里。拥有土质良好的大面积耕地。

内部生态功能：生态脆弱表现为水土污染侵蚀，生态服务功能以生态净化为主导，辅助生态功能是生态农业。

外部生态支持：南部的粮、经生态农业区与北部渭河滩处的自然保护区，为该区提供了丰富多样的生态服务功能支持。

产业发展方向：该区土层较厚，有机质含量较高，适宜菜、果、桑等多种经济作物的生长。应发挥本区优势，优化农产品的品种结构，发展特色产品，重点培育绿色食品生产和苗木花卉经济作物等无污染产业，用大农业的思想优化农业系统结构。

（六）北部自然保护区

范围：该区位于渭河的河漫滩地，面积约 30 平方公里。

生态发展方向：由于其是河流生态环境的敏感地段，所以以保护为主，建设自然保护区、湿地公园和特色保护区。该区是户县环境承载能力和景观安全的重要支撑和坚强后盾，应严格控制建设项目，努力维持其自然和半自然景观生态过程的完整性和连续性。

产业发展方向：以保留完好的自然生态为特色，突出生态环境，按照国际上有关湿地公园建设标准，建造河滩湿地生态旅游区，配套建设生态博览、生态科普基地等高级服务业发展区。

三　户县城镇滨河区域的生态重构

（一）滨河地区概念及价值

城市滨河空间是指城市内与河道濒临的陆地边缘地带。滨河空间是自然地景与人工景观相互平衡、有机结合的产物。前者主要是河流及与之相互依存的自然要素，包括天然植被、山岳、丘陵、坡地等；后者由一系列的公共开放空间、滨河公共建筑、城市公共设施等组成（毛建强、金春早，2005）。

滨河地区的发展和城镇空间形态及河流有着密不可分的关系，因此是城市与河流、人工与自然相互作用影响的重要的空间物质载体。

从城镇的构成来看，滨河地区是构成城市公共开放空间的重要部分，并且是城市公共开放空间中兼具自然地景和人工景观的区域，尤显其独特和重要之处。在生态层面上，滨河地区的自然因素使得人与环境间达到和谐发展；在经济层面上，滨河地区具有高品质的游憩、旅游资源和潜质；在社会层面上，滨河地区提高了城市的宜居性，构成了最具活力的开放性社区；在城镇形象的层面上，滨河地区的公共开放空间是构成城镇骨架的主导要素之一，并增强城镇的可识别性。

相对于城市内部土地而言，滨河土地具有突出的环境优势，这也是各国城市加强滨河地区建设的一个重要原因，因而，如何充分挖掘环境优势的潜力便是滨河地区建设的另一个重要任务。

（二）滨河地区发展机制

城镇的发展有着深层次的矛盾，其发展的历程和空间形态是多方面矛盾相互影响和制约的结果，并时刻处于动态变化之中。户县的城镇目前处于城市化的发展阶段，其滨河地区必然由现在的集中发展走向有机分散。受到地形条件和交通等多方面的影响，城镇滨河地区的开发属于强迫性集中发展，因此必然带来很多的社会问题，如交通混乱、生态受到破坏等。随着城镇的进一步发展，滨河地区必然走向有机分散，表现在以下四个方面。

1. 职能疏解

滨河地区将成为以休闲、景观为主的生态保护区，是城镇特色的展示区。在滨河地区的边缘应主要布置居住用地，城镇公建用地要远离滨河地区，各类公建用地应集中布置并根据其服务半径分散于城镇各个生活组团中。

2. 空间整合

城镇空间形态必然伴随着城镇布局的变化而进行整合，与城镇各职能的疏解密切相关。滨河地区成为视觉中心和城镇的软空间，公建用地和居住用地的组团式集中布置提高了城镇空间的完整性。

3. 生态恢复

滨河地区是城镇的生态敏感区，必须加以恢复和保护。另外还要通过生态廊道加强与城镇的渗透关系，完善城镇的整体生态系统。

4. 交通外移

滨河地区是城镇重要的社会活动区，其内部主要干道——滨河路主要是为了满足生活方面的需要，是生活性主干道。城市大量的交通性道路应主要在滨河地区外围解决。

（三）滨河地区生态建设基本原则

1. 整体协调

河流水系与城镇布局结构密切相关，必须从城镇整体出发，综合考虑区域自然地理特点和城镇发展要求，在整体环境中透析城镇发展与河流水系的关系，探寻相应的规划理念与方法，协调各城镇发展，促进建设与非建设两大空间系统的和谐共生，形成协调有序的城镇空间组织结构及生态环境。

2. 生态优先

将河流水系的生态功能作为其首要功能，规划必须以尊重区域自然环境为基础，遵循生态规律，恢复和重建在以往城市开发建设过程中破坏的自然景观，建立稳定的生物群落，恢复、保护和增加生物多样性，重建城镇的生态环境，提高城区环境质量。

3. 景观特色

以河流廊道为主线进行景观规划。对功能、空间、景观、环境、设施等多方面进行综合性设计，创造富于特色的城市滨河空间形象。融合沿线自然要素与历史文化要素，构筑体现该区历史文脉的桥梁和展示城市景观特色的风景线。

4. 系统综合

滨河地区的生态建设需要城市规划专家与生态学、水利水保、农林环保、景观规划与设计等多学科专业人员以及政府部门和投资者协同进行。应与水土、生物、农林、文化、旅游等的合理开发与利用相结合，调整滨河地区土地利用结构；还应与城镇对水污染的控制和治理及防洪工程等相结合，发挥该环境区的抗污、降热、防护等环保功能，处理好河道工程措施与景观生态之间的矛盾关系，从而实现多重目标（张定青、周若祁，2005a）。

（四）户县滨河各功能区的生态重构

根据城镇结合河流而划分出的六大功能空间，以及河流两岸的具体用地类型，从县域规划的宏观层次落实到滨河区的中观层次，确定了滨河的几种生态用地类型（见图 2－24），将其划分为森林生态旅游区、水域生态旅游区、生态农业区、生态工业园区、生态居住区以及滨河绿化带。由于在不同的功能空间中，河流与其的相互作用不同，面临的问题也不同，从而因地制宜地提出相应的生态协调发展建议。

1. 森林生态旅游区

户县的森林生态旅游区为位于南部秦岭山区的朱雀国家森林公园和太平国家森林公园，以及以此为依托而开发的西安亚建高尔夫球俱乐部和高冠避暑山庄。目前这些旅游区的生态环境尚完好，但建设的不当仍带来一些问题，主要表现为以下方面。

第一，砍伐树木和筑坝截流，使中游年径流量锐减，导致沿河植被枯竭衰退，造成林区质量下降，生态功能减退。

第二，旅游开发对河流造成了人为的污染。

第三，无序的矿业开采使得河道堵塞、水源污染、水土流失。

在利用优越的天然资源的同时，也要注意对其环境进行生态保护，对非法的矿业开发和采伐树木的行为，要强制性制止；对旅游开发造成的人为污染，要尽量避免，可以划定河道保护区或重点生态防护区域，对重点保护的地段不进行旅游开发，避免污染后治理。

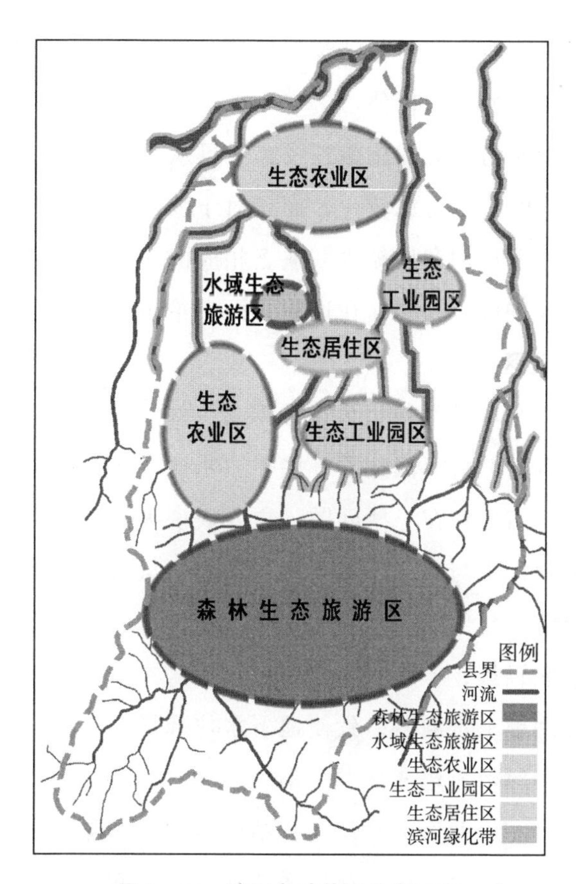

图 2－24　滨河各功能区分布示意

资料来源：笔者自绘。

2. **水域生态旅游区**

作为城镇中主要的开放空间，滨河空间承担着生态休闲、景观、文化等多项活动功能。活动最本质的特征是参与性，即由“参观性”逐步发展为“参与性”，这是现代景观建设的一个发展趋势。

对于户县的河流，可以选择到水滨活动的内容有以下方面。

水体接触类：游泳、戏水、钓鱼、划船、水上游览等。

观景休闲类：散步、游览、照相、放风筝、野营、看表演等。

科普教育类：动植物观察等。

其他活动类：庆祝活动、纪念活动。

户县呈片区开发的旅游生态区有拟建的渼陂湖旅游区，旅游景点有望仙坪、清凉山、西户滨河花园等。另外，涝河入渭河处的湿地地区也极具水域生态旅游的开发价值。

目前，对于滨河地区的旅游开发，只是从风景着手，对于以古迹为代表的传统文化的宣传考虑较少，而且对于滨河地区大量的科研、文化机构及生活区的重视和利用较少，缺乏相应的文化设施及亲水设施，所以在对滨河地区进行建设时，在这些方面应给予考虑。

3. 生态农业区

该区主要生态环境问题是水资源浪费。20 世纪 50 年代以来，应农垦事业的发展需要，沿河修建了一些平原水库等水利设施，逐步发挥了效益，但是，目前也存在一些问题，主要表现为以下方面。

第一，水利工程与服务区域不协调，引水量大、利用率低、灌溉定额高、生产经济效益低等。

第二，重灌轻排，土壤次生盐渍化发展。

第三，使用地下水灌溉，致使地下水位降低。

第四，农药对河流造成面源污染。

所以对于生态农业区的建设，在结构组织上，除了保持农业的自然属性，最好与相关城镇的内部绿地系统建设结合起来，成为城镇大环境绿地的有机组成部分，从而发挥其巨大的生态效应；在功能定位上，可以将农业和城镇休闲服务、旅游观光相结合，利用田园风光、自然生态及环境资源，结合农林牧副渔生产、经营活动，乡村文化、农家生活，为人们提供观光体验、休闲度假、品尝购物等活动空间而体现其生活功能（陶雨芳，2003）；在生态治理上，划定农田与河流之间的间距范围，且在河岸处种植植被以防止河水污染。

4. 生态工业园区

户县的工业园区集中在涝河、潭峪河中部的甘亭镇、余下镇，涝河下游甘河乡、涝店镇地区有民办工业企业。工业园区的环境设计要突出生产防护功能。因为其建筑庞大的体量和工业污水的排放对陆域自然环境产生消极影响，所以要求在严格选择适宜土地的同时，更要注重建设后用地范围内的生态恢复。

在工业园区的集约化建设方面，通过规模化的资产重组、改造和工艺更新，将传统的乡村工业转变为产品质量高、品种多样、污染少、节能降耗的现代城镇生态工业体系，变工业生产的粗放型、外延型为集约型、内涵型和服务型（邓南圣、吴峰，2001）；在对河流的保护方面，禁止工业废水直接排入河流或通过地下管道排入河流，将废水进行处理后，成为中水用于农业灌溉或其他城镇建设活动。

5. 生态居住区

生活性活动具有机动性和可变性，因而有较强的适应环境的能力，比如，可以根据河流地区微气候调整建筑形式，可以根据地形和景观条件改变土地用途等。

在交通组织上，建立居住区地块内部与河流之间联系的通道，这不仅可以引入优美的河流景观，还可以极大地改善地块内部的小气候、控制开发强度和加强地块间的有效联系。地块应与滨河绿带区相呼应，保持面向河流环境的开敞，通过道路、公共空间等的建设和组织，将建设区内部环境与河流环境联系起来，如道路垂直于河流、公共空间面向河流。

将地块开发模式扩大到街区或整个城镇，则会形成系统的景观生态廊道，河流对城市的景观生态影响不只局限于滨河地区，而且会扩大到整个城镇范围。通过廊道、绿径和开敞空间向城镇内部拓展、延伸，以此构建起覆盖整个城镇的生态网络（范须壮，2004）。

在居住区的开发模式上，力图避免单一的住区规划模式、对外形象缺乏连续的沿河特色、沿河住区与周边其他城市住区间的空间分异等滨河居住区普遍存在的问题，塑造开放式的居住区开发模式，其具体表现为：中心共享的复合空间，即结合配套公建、商业、服务业等多种功能进行设计，使住区内部空间和外部城市空间有机交融和联系的复合空间；多地块的用地划分，即兼顾小尺度居住空间的封闭和中心公共复合空间对外开放的“双级模式”；混合的使用功能，即在住区和街区道路上及周边形成交往、购物、休息、饮食、观赏、儿童游戏等多种活动场所，以改变原有住区内部单纯的交通功能；多样性的场所塑造，即空间组织上，在各种街区和道路中为社会各阶层提供其所需要的多种不同类型的生活和交往空间场所。

6. 滨河生态（绿化）带

滨河生态区是城镇河流生态环境最外围的屏障，是河流的自然景观和生态保护带。其构建基本原则是将陆域重要的生态敏感区（林地、动物栖息地、地下水回灌区、水源保护区、地质灾害区）和文物古迹包含在内，建立一个融生态保护、文化休闲于一体的多功能区域。

就功能而言，生态区不但具有维护河流的生态功能，同时具有社会服务功能。因此，应采用“软界定”方式，保障视线畅通。生态区内可视其规模建设适量的亲水设施，如博览设施、露天表演场、茶室、休息亭、观景台等，规模不宜大，宜集中布置；严格保护生态敏感区和文物古迹，在周边设置禁建范围；控制道路宽度，以人行和非机动车行为主，道路应满足多用途需求，如散步、慢跑、骑车、溜冰、观赏等；步行路径应沿河形成完整的系统，并与城市内部步行道路联系；地面铺装应减少维护，尽量采用渗透性材料，减少不渗水地面面积，禁止建停车场；服务设施和道路设计要方便残疾人的使用；禁止污染性服务设施进入，如污染性餐饮业。

就生态带的范围而言，车生泉在总结国外相关研究的基础上认为，绿带区的宽度应至少大于 30 米，才能有效地发挥上述功能；麦克哈格也认为，河流每边宽度不小于 200 英尺（合 61 米）范围内，应保持自然状态（张定青、周若祁，2005a）。由此可以认为，一般情况下，缓冲带的宽度控制得越宽越好（大于 30 米）。

四　河流的生态保护

（一）政策管理

对于采矿造成的污染，可以采取取缔个体金矿，拆除废弃的建筑、清除废矿石等管理办法；对于旅游业造成的污染，可以采用对旅游垃圾分类处置，取缔河旁厕所等措施；对于城市造成的污染，可以采取生活污水集中处理，设置专门的处理设施，淘汰旱厕，取缔沿河厕所和垃圾分类处理等手段进行管理；面对水土流失的问题，可以通过退耕还林、封山育林来解决；未征得规划管理部门的同意，任何单位、个人不得在沿河地段设排污口，逐步搬迁滨河地段的污染性企业，取水口保护区做好绿化防护。

严格保护水域范围，沿现有水体边界划定水体核心保护区，并将滨河道路内的绿地划为水体一般保护区；按照生态规律和防洪要求划定“蓝线”，控制城市新建区的范围，蓝线范围内不得修建建筑物；滨河水厂、污水处理厂等滨河设施须留出防护绿带。

（二）技术手段

传统河流整治工程措施也极大地破坏了河流生态系统，裁弯取直使得洪水流量、流速及泥沙盆增加，不仅导致洪水压力转嫁到下游，而且使河流的生物多样性减少，河流的自净能力也因此而减弱；筑坝、改道使河岸的地下水位下降，河岸的水调节功能减弱；加深河道、固化河岸则破坏了自然河岸与河流之间的水文联系，并加快了河道水流的速度和侵蚀力。

传统的河流整治工程虽可达到保障安全的目的，但那是治标不治本的措施，不仅破坏了自然生态景观，使人们失去了亲水的机会，降低了生活的品质，而且导致河流水质污染日趋严重，水土流失日益加剧，河流生态环境遭到严重的破坏。人类对城镇河流的干预，可以说是多目标、全方位、大规模、高频次，从而对河流生态的不利影响趋于严重，没有人类活动影响而继续保持其自然状态的河流已经很少了。

就户县地区来说，对于农业面源污染，可以采用建沼气池的办法解决；对于地下水源的保护，可以采取井口加高、加固、加药消毒的自备井管理办法和“甘露工程”的调控措施来解决。实施污水处理回用工程，将排放的污水进行必要和有效的处理并加以利用，以减少入河废水量。建议在县城下游建 1 ~ 2 个污水处理厂，提高污水处理率。

（三）河流生态结构重构

以创造“人、城市、生态、文化”的多元共生空间为主旨，以合理利用水环境，最大限度地降低城市建设与生态资源保护间的冲突，减少对河流系统的冲击为目的，根据河流水环境的现状使用功能及自然生态条件，确立了全河段四个不同功能生态发展空间的结构模式（见图2 - 25）。

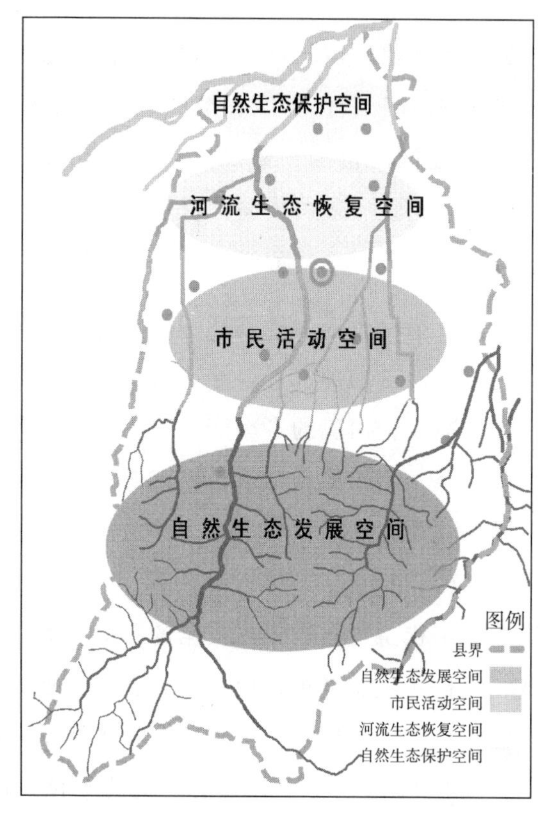

图 2 - 25　河流功能生态发展空间的结构模式

资料来源：笔者自绘。

1. **自然生态发展空间**

该区位于秦岭山地及其山麓地区，自然景观良好，视野开阔，旅游资源丰富，现已开发的有太平国家森林公园、朱雀国家森林公园、西安亚建高尔夫球俱乐部以及高冠避暑山庄。对该区应以原生景观保护为主，禁止大规模开发甚至破坏性建设活动。

2. 市民活动空间

该区自秦岭山麓至甘亭镇地段，为户县境内城镇密集的区域，林地保存较好，具有优越的生态价值。目前已经开发的有位于涝河上的西户滨河花园以及渼陂湖旅游度假区。在该区中，规划河段的活动空间应避开相应的自然生态发展空间，与之并行设置。结合河段在城市中的不同区位，各活动空间规模有所不同，并布置不同市民日常活动设施，满足不同年龄层次及兴趣爱好的市民的需求，以开展田园式滨水活动为主，布置少量、小规模观赏设施，并保持林地的完整性。

3. 河流生态恢复空间

该区自甘亭镇至渭河河滩处，位于这一地段的河流在流经甘亭镇、余下镇以及涝店镇时受到了人为的污染，是急需治理的区域，否则将直接影响到渭河的水质。

因此该地区应处理好城镇发展与环境承载力的关系，在城镇开发建设中要加强生态补偿和生态恢复，使因建设而被打破原有生态的平衡能趋向新的平衡。

4. 自然生态保护空间

该区位于渭河的河滩地段，属于河流的生态敏感区域。需要通过防护手段和合理的开发，提高其自身的保护能力。

这种从自然生态角度划分河流水系功能空间的方法可以弥补前面所述的单从人类使用需求角度划分带来的缺陷：人类的使用毕竟是带有功利色彩的。事实上，河流的生态敏感区不可能被完全保护，划分河流水系功能空间最重要的是寻求一种限制人类对生态敏感区的干扰，同时又能让人亲近自然的途径。河流水系因其多功能性，在建设中往往面对多种需求的冲突，特别是人为使用与生态保护之间的冲突，为了解决这种矛盾，可以采取分区管理或强化主要功能的方法。

当然，河流水系功能区的划分与滨河土地的使用之间有重要联系，滨河土地的使用要与河流水系功能区保持一致，避免生态保护要求高的水域被不当的土地使用所影响。

（四）生态功能保护区

结合户县辖区内河流水系的现状，以生态恢复理论为指导思想，探索了该区河流环境治理的优化方案。研究过程中，本着保护具有健康生态系统的河流并建设社会－经济－生态复合的生态整体的目的，对河流进行生态功能保护分区（汪洋，2005）。按照《生态功能保护区规划编制大纲（试行）》的规定，将生态功能保护区类型划分为河道保护区、水源涵养区、洪水调控区、饮用水源保护区以及渼陂湖自然风景保护区等一些需要特殊保护的区域（见图 2－26）。

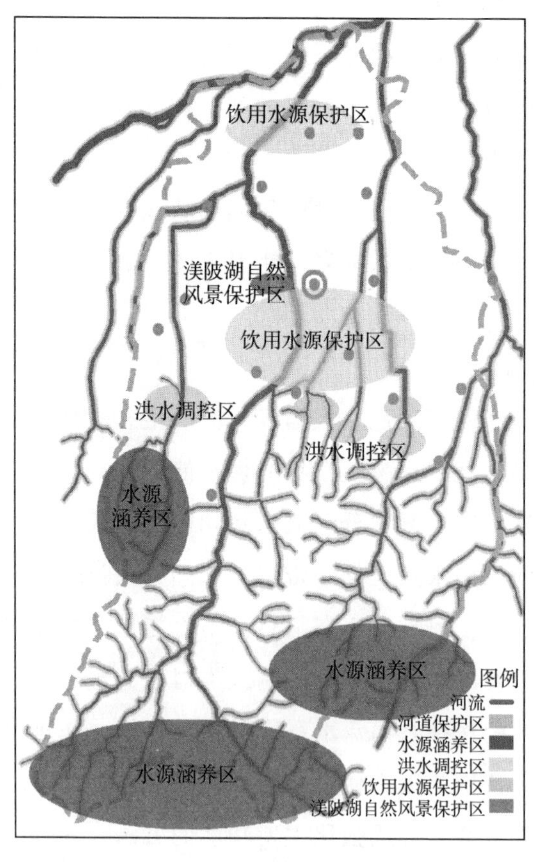

图 2－26　河流生态功能保护区的划分示意

资料来源：笔者自绘。

1. 河道保护区

存在问题：河流的季节性特点导致河床超载，河流水系的污染问题，缺乏亲民设施。

保护措施：

在满足防洪的基础上，尽量保持河道的自然弯曲，不必强求平行等宽；

尽可能多安排一些蓄水湖池，这种“袋囊状”结构不仅可以起到“集水区”的作用，还有景观意义；

设计能够应付不同水位、水量的河床，采取多层台阶式的断面结构；

控制河道挖沙，抬高河床水位，改变部分采砂严重河段的河水依靠两侧地下水反向补给的关系；

在渭河、涝河、太平河、新河等河道两侧的适宜地段修建水坝，抬高河水水位，形成一定水面，进一步增强河道水体的纳污自净的能力；

在城镇相关功能区，结合城区规划和水功能分区修建旅游风景区，把河流水体从目前仅有的排污、泄洪功能逐步向同时具有生态和景观功能的方向转变；

配置滨河植被；

注重对人的关怀，为人们提供接近水的途径（如台阶）、观赏水的场所（如观景平台）、参与水上活动的设施（如游船码头），还要强化无障碍通道的设计；

河滩地一年中的大部分时间都露在水面上，可以开发为临时性的城市活动场所，在保护的基础上进行生态的合理利用；

出于保护生态，居民活动场所应集中在某一地段而不是分散在整个区域，减少对河岸的表面进行硬化，避免人流进入。

2. 水源涵养区

空间范围：涝河源头保护区、新河源头保护区、太平河源头保护区、高冠河源头保护区。

主要功能：保持和提高源头径流能力和水源涵养能力，辅助功能主要是生物多样性保护和水土保持。

存在问题：矿山开采生态破坏、水土流失较严重，旅游污染问题突出。

保护措施：

完善自然保护区，设立禁挖区、禁采区、禁伐区、禁牧区、禁垦区，严格保护天然林和森林生态系统；

开展围栏封育和退耕还草还林还水工程，适度开展生态移民；

按照自然生态规律，适度开展植树种草和水土流失治理等人工生态建设工程；

开展生态产业示范，培育替代产业。

3. 洪水调控区

空间范围：甘峪水库、新阳坡水库、竹沟水库、蔡家坡水库、黄柏水库、曹家堡水库以及拟建的太平峪水库。

主要功能：防洪、分洪、滞洪、灌溉、渔业、供水等功能，以防止湖泊萎缩、湿地破坏，保持生物多样性。

存在问题：农业的面源污染、粗放型的生产经营，导致水环境质量恶化、生态功能退化；人工建筑物占据了河滩地、为扩大城市用地进行的回填建设造成洪水水位提高。

保护措施：

严格保护现有的滨河带、河滩地，以及生态功能良好的湿地集中分布区，建立保护区；

加强“退田还湿（地）”工程，适度开展生态移民；

调整农林牧渔产业结构与生产布局，组织生态旅游、生态农业等生态产业示范和推广，发展绿色食品、有机食品等名优特产品；

减轻水污染负荷，改善水交换条件，恢复水生态系统的自然净化能力，开展湿地生态系统修复工程，农业面源污染控制工程和城镇生活、工业污染治理工程。

4. 饮用水源保护区

空间范围：腊家滩水源地和城区水源地。

主要功能：城镇集中式供水水源。

存在问题：农村和生活面源污染、工业点源污染造成水源水质达标率不高。

保护措施：

严格执行饮用水源区保护相关法律法规，加强饮用水源区水质监测与管理；

控制面源污染，强化农业面源污染资源化治理，削减污染负荷；

严禁工业废水排放，建设城镇综合污水收集处理系统，加强城镇生活污水和生活垃圾的控制；

逐步完成河流整体的整治工作，提高水源水质达标率；

在污染区域，针对污染源的类别，配置相应的抗性强、具有净化能力的滨河植被，且植被的宽度保持在 30 米以上（张定青、周若祁，2005a）。

5. 渼陂湖自然风景保护区

空间范围：涝河西侧渼陂湖自然风景保护区。

主要功能：生态涵养、污染净化、调节微气候，动植物栖息地和物种多样性保护、休闲娱乐等功能。

存在问题：生态退化、环境质量下降。

保护措施：

切实做好渼陂湖环境保护工作，即引水工程、绿化工程、保护野生动植物工程、道路城镇的整治工作；

开展湿地生态系统修复工程，在科学保护和管理湿地生态服务功能的前提下，挖掘湖泊湿地资产的生态产业化潜力，并融合涝河沿岸的自然景观特色，形成独特的湿地生态景观走廊；

在保护区内，停止一切导致生态功能继续退化的开发活动和污染环境建设项目，走生态型发展道路。

第三章
城镇发展与河流的生态重构：以甘亭镇为例

第一节　甘亭镇与河流概况

一　甘亭镇简介

甘亭镇是户县的政治、经济、文化中心；全镇面积42.5平方公里，人口为9.05万人，辖48个行政村，12个居委会；境内地势平坦；交通便利，公路、铁路四通八达，陇海铁路西余支线贯通全镇南北，西北最大航空港——咸阳国际机场距县城30公里，可直飞全国各航空港和日本等国，西户、西宝（南线）、咸户、户沣、户县经5号与纬5号公路纵横交错，即将通车的西汉高速公路横穿全镇东西，形成一个立体交通网络，横联全国各地，纵伸镇内各村，是户县对外开放的门户。城区以明代古楼——户县钟楼为中心，辐射四条大街，形成棋盘格局，素有“小西安”之美称（户县统计局，2012）。

（一）甘亭镇的空间结构

甘亭镇城区背山面川，左河右路，属于典型的风水城市格局；户县县城目前已经基本形成了四个城市职能区，分别是以甘亭镇为中心的商贸、金融、办公、居住区，以余下镇为中心的化工、机械工业园区，周北村附近的西安经济技术开发区——沣京工业园区，兆丰桥村附近的大学城区（见图3－1）。对于未来的规划，规划理念为：将城市的基本路网骨架确定为南北两个组团（甘亭、余下两镇），中部空带分隔，三个功能分区（甘亭镇东、西功能区及余下镇工业区），二水（涝河、潭峪

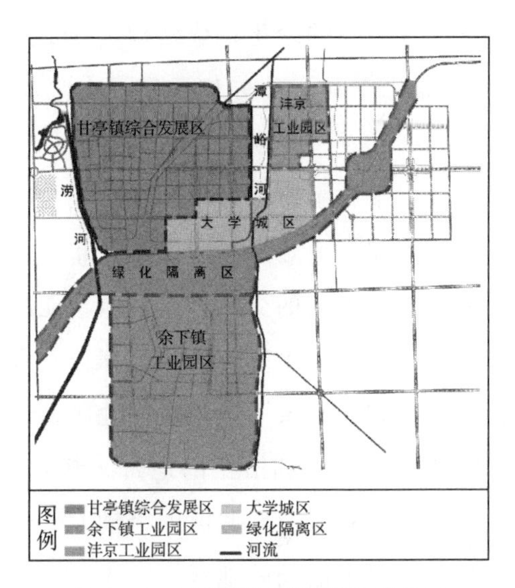

图3－1　甘亭镇规划城镇职能分区

资料来源：笔者自绘。

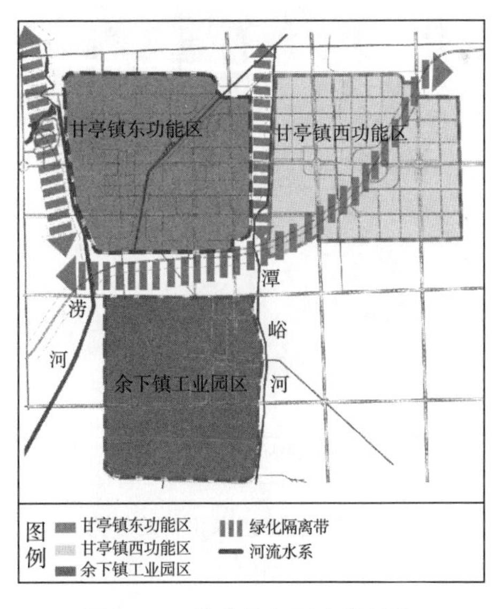

图3－2　甘亭镇规划空间结构

资料来源：笔者自绘。

河）左右依傍，“田”字绿色城郭的城市总体布局（见图 3－2）。预计在 2020 年，完成规划中所有内容，展现“田园城市”全貌（户县城市建设局，2004）。

从形态的角度看，甘亭镇的绿化系统结构实现了点、线、面相结合（见图 3－3）。面状的绿化空间一部分位于涝河在老城区西侧地段，因为有渼陂湖旅游度假区的开发，带动其周边地带建设成为具有一定规模的绿化空间，另一部分位于甘亭镇老城区与余下镇之间的过渡地带，起到隔离的作用；线状的空间主要是沿河和沿路分布；点状的空间主要位于城镇中心区的局部地段和道路的交叉口处。从功能的角度看，绿化空间可以分为生态林带绿化用地、生态防护绿地和公共绿地等。生态林带绿化用地存在于甘亭镇老城区和余下镇过渡的地段，起到保护现有林地的作用；生态防护绿地位于沿河和沿路的地带，起到空间的隔离作用；公共绿地一部分是受到渼陂湖旅游度假区的带动而开发的，另一部分位于城镇建设区中，是市民集中活动的地区。

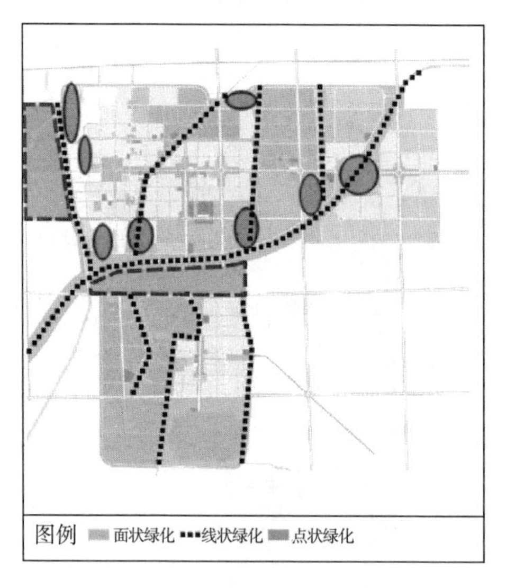

图 3－3　甘亭镇绿化系统结构

资料来源：笔者自绘。

（二）甘亭镇与河流的关系

1. 甘亭镇与河流的演进过程

民国以前，由于城镇受到生产力发展水平、洪水灾害，尤其是军事的影响，河流是作为城市的防护地带存在的，为洪水的泄洪地和农田用地；民国时期，由于受到洪水灾害的影响，居民一般远离河流居住，而距离河流近的地方依然是滩地和田地，城镇开始向外围发展；中华人民共和国成立初期，城镇的发展变化不是很大，依旧是依托老城区开始向河流方向发展，但规模不是很大；到20世纪七八十年代，城镇沿涝河发展有了一定的规模，并尝试向涝河对岸发展；而20世纪90年代末至21世纪初，城镇得到较快发展，由于用地紧张，城镇开始跨过潭峪河向西扩展，交通条件的改善带动了城区开始跨河流发展，也使得河流地段越来越成为城镇的重点发展区域。

2. 甘亭镇未来规划与河流的关系

在未来的城镇规划中，根据“东移南扩”的规划思路（见图3-4），潭峪河自沣京工业园区的西侧和余下镇电力工业园的东侧流过，

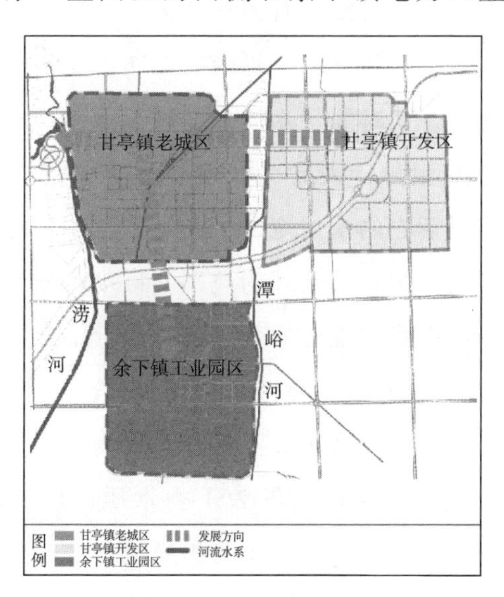

图3-4　甘亭镇规划示意

资料来源：笔者自绘。

从而使得城镇总的结构与潭峪河走向、西余铁路走向取得呼应，并打开重要节点通向核心区的视觉走廊。

而涝河东侧的用地，由于河道治理，涝河现状地平于甚至低于涝河河道，而且这一大块用地地质条件比较差，属于河漫滩地，不宜做建设用地。故将之规划为西户滨河公园规划用地，约 1.5 平方公里。设想利用公园地势优势以水为主题，可以与涝河西边的渼陂湖连为一体，形成规模较大的水上乐园及水上运动项目训练基地。

由于规模向东、西方向扩展，甘亭镇的结构空间模式演变为跨越河流发展型模式，即先在涝河的东岸、潭峪河西岸发展，随着城镇规模的扩大而跨越两河至对岸发展。这也体现了河流两岸主体建造的时间不同而造成城镇组织、肌理形态、两岸的规模上的差异这种跨越式发展的形态特点。

3. 甘亭镇河流的特点

面对甘亭镇镇域范围内的涝河表现出的各种特点，选取了与城镇建设息息相关的五个方面来对涝河的水体进行分析：首先，根据水体的存在形态及尺度，有狭长、封闭且有明显的内聚性和方向性的线状河流如潭峪河，水面较宽阔，空间开敞，堤岸兼有防洪、道路和景观的多重功能的带状河流如涝河，又有面状水体如渼陂湖等，且水体多表现为动态水；其次，按水位变化分，表现为大落差水，即季节性落差（如潮、汛与枯水期等一定时期内的水位变化），这对滨水区人们的活动有着非常重要的影响；再次，按水质条件的差别，将水体分为可参与型水与不可参与型水两类，依据我国现行的分级评价法，结合实地观察，本书将Ⅱ类以上（含Ⅱ类）的水体视为可参与型水体，人们乐于接近并在其滨水环境中进行活动，而将劣于Ⅱ类的水体视为不可参与型水体，涝河流经甘亭镇时为Ⅱ类水质，渼陂湖为Ⅰ类水质；从次，按是否通航来分，涝河水由于随季节变化较大，不负担通航任务，这表明来自水上的流线不存在；最后，结冻或断流现象也影响着人们的活动，当这类情况发生时，水环境的可及性发生了本质的变化，涝河水在冬天会出现结冻现象，但不会出现断流现象。由以上分析我们可以看出，涝河在流经甘亭镇区域是适合作景观开发的。

面对甘亭镇镇域内涝河与周围环境的相互关系，发现河流在生态建设方面也存在一些问题：首先，道路临河而设，虽方便交通，却对河道造成了污染；其次，工业区、农业区边界没有足够的绿化隔离带设置，使得河流直接遭受工业的废气、废水污染和农业的面源农药的污染；再次，河流的绿化与城区的绿化缺乏有机的联系；最后，河流两侧缺乏景观塑造，缺乏使人能够停留驻足的场所。

4. 河流对甘亭镇的影响

河流对城镇发展的正面作用体现在农业灌溉；工业用水、排水；旅游开发；养殖用水；沿河林带净化环境；提供沿河绿化，丰富景观效果以及净化环境；控制城镇的扩张；还可以作为城市的通风道，加速污染空气的流通与排放等方面。

凡事都具有两面性，河流对城镇的发展带来促进作用的同时，也带来了一些不可避免的负面作用，主要体现在垮坝事故；河流淤积、洪水、侵蚀；水质污染，环境恶化等方面。

甘亭镇西临涝河，受到河流生态保护的影响，城镇虽有跨河发展的趋势，但不能将河流周边地区作为城镇建设用地，所以把此用地作为西郊公园规划用地，与涝河西边的渼陂湖连为一体，形成西安甚至陕西省最大的水上乐园及水上运动项目训练基地。

中华人民共和国成立前几乎无排水工程，城区污水、雨水均排入城壕及城内外涝池。大量生活污水排入各家厕所、粪坑、渗坑之中；20 世纪 50 年代，城区排水靠自然地势，沿道路两旁明沟排流；六七十年代填平了水沟、涝池，修建了雨污合流的排水体系，初步解决了工业、生活、污水及雨水排放问题；70 年代后期，城区排水多采用混凝土管道铺设；80 年代，修排水干渠 11 条，长 9500 米，改造排水渠 1 条；90 年代及 21 世纪初修建了西北工业区排水渠；截至 2004 年底城区已形成了较完善的网络化排水系统，城区的大街小巷都铺设了排水管道。做到雨季不积水，汛期排洪无阻（户县水政水资源管理办公室，2004）。

甘亭镇位于涝河的下游，所以河流在上游受到的污染加上在甘亭镇以南便受到的旅游污染和工业污染，使得该区河水只达到Ⅲ类标准。

第二节　甘亭镇结合河流的生态整合重构

一　城镇内部结构的重构

新核的建设：新时期城镇发展应以城市结构的重构、新核的建设及老核的更新来实现。首先要建设涝河新核以及潭峪河新核，对城市空间结构进行重组，使涝河和潭峪河地区分别承担相应的功能，并以“二水”为依托将相关功能用地连接起来；其次调整老城区空间结构，革除单核空间格局存在的弊端，提高老城区空间利用效率。

强化“二水”的轴线功能：在甘亭镇建设新时期，“二水”的旅游、文化、生态等功能将共同引导城市空间发展。按照《户县城市1995—2020年总体规划》，未来甘亭镇由四个功能区块组成：老城的综合发展区块、沣京工业园区块、兆丰桥村附近的大学城区块以及余下镇工业园区块。其中潭峪河贯穿了这四个区块，将其有机联系在一起，必将成为市区重要的建设轴带；涝河流经老城区的地段规划为保护绿地和一类的居住用地，在涝河两岸进行适度的旅游开发，不但可以形成两岸的对景空间，还可以依托旅游区的建设提供更多的绿化空间。涝河以其秀丽的风景和丰富的人文旅游资源，穿越了整个城区，成为人们对自然生态景观保护和历史文化追忆的空间，潭峪河将牵动城区中心东移，成为南北向的一条发展主轴，是外向型经济等城市新功能的培育基地和老城区传统功能置换的主要依托空间。

功能组团的定位：结合河流与城镇各功能区间的相互位置关系，将城区的土地性质进行分类，形成居住、工业、商业等功能组团（见图

3－5），将各组团进行特色功能定位，按照组团“多中心、开敞式、轴向发展”的原则，依托“二水”，形成特色互补的网络化组团式布局形态，使得组团发展达到“加强内部联系、增强外围环绕、促进相互渗透、实现共同发展”的目的。

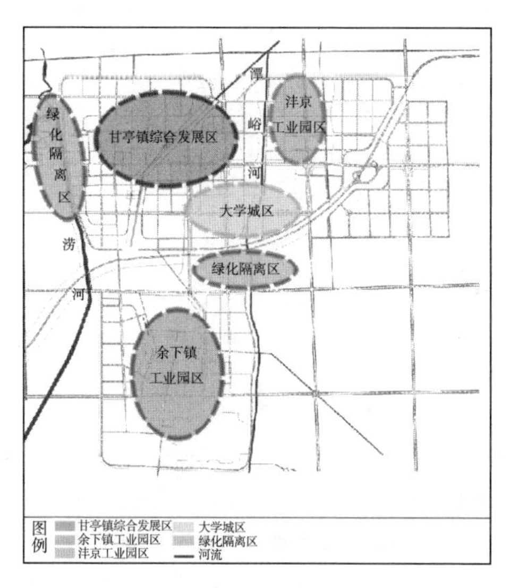

图 3－5　甘亭镇内部结构重构示意

资料来源：笔者自绘。

二　河流与城镇关系的重构

绿化空间的重构：在绿化方面，除了沿西汉高速公路的带状绿化，其他的绿化用地多呈南北纵向分布，各功能组团间联系不足，绿化空间显得相对独立，所以建议沿现有的城镇功能轴，即商业功能区平行设置两条绿化轴，将两河的景观引入城镇内部，并在重要节点处规划多个城市广场。两条绿化轴分别位于渼陂路和兆丰路，不但可以将各功能组团连接起来，加强了各组团的联系，还弥补了城区内绿化不足的现状，形成了网络状的绿化空间结构，扩大了绿化面积。其优点是以分散、独立却又有机联系的方式进行城区物质环境的扩建，有利于城区用地功能在更大的空间进行合理布局，有利于主城工业和人口疏散，有利于交通组织和城市综合效益提高，有利于风景旅游和良好的生态环境建设。沿河的大面积的绿化景色可以向组团内部渗透，充分发挥绿化空间的作用（见图 3－6）。

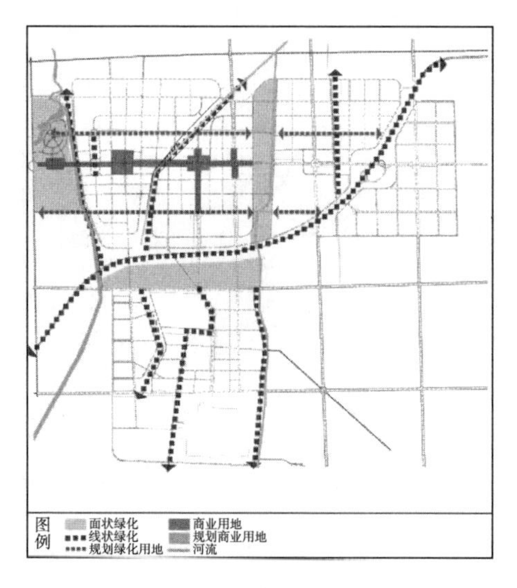

图 3－6　甘亭镇生态规划

资料来源：笔者自绘。

联系轴的确立：在城镇功能区的布局上，建议将呈带状的商业区向西延长，在渼陂湖旅游度假区建设旅游服务设施，从而使得商业区在涝河两岸形成对景，更形成了联系轴，加强功能组团内部及各功能组团之间的联系。同时，河流景观轴、城镇功能主轴和城镇绿化景观轴共同构成开放空间体系的结构框架。

建设区的协调：在景观环境上，在沿河地区规划一定空间范围，保障现有的建筑核心与新建筑之间保留一种视觉上的延伸关系，从而在核心处可以看到河面景观并可延伸至远处；确保景观走廊的边界。有些地区不得兴建，有些区域则必须建造，从而对建筑群可清晰地进行空间界定，保证视觉走廊的完整性；主要的再开发区形成一组网络步行系统，把发展区与核心区紧密相连；将沿河的道路设置为步行路，严禁机动车行驶。

三　滨河地区生态重构

滨水区的土地使用，大致有滨水居住区、滨水文化博览区、滨水娱乐休闲区、滨水办公商业、金融区等几种形态。土地使用形态的单一性和片段化是滨水区普遍存在的问题。形态单一造成滨水区功能的隔离与分化现象，由于滨水区缺乏市民参与的商业、文化、娱乐设施，而失去了作为公共空间的吸引力，形成夜间缺少活动、城市空间利用浪费的“空洞化”现象。日本设计师桢文彦认为“作为唯一功能形态的建筑时代已经过去了”（范须壮，2004）。由此，对于滨水地区，应提倡公共性、多样化、延续性、层次性和立体化等复合用地形态。

环境效益分析：以涝河为例，根据河流不同地段周边的土地使用性质和使用强度，针对土地的开发状况，以交通可达性、商业聚集性、环境效益为主要考虑因素（Hickman et al.，2002）。将河流周边的土地分为四级，反映出地块的环境“溢出价值”的大小。一级地块位于渼陂湖附近，这里具有很好的环境条件，视线开阔，具有充裕的用地，靠近大型滨河绿地；二级地块环境次之，位于河流沿线或规划人工绿廊两侧；三级地块不直接面向河流，景观较差；四级地块位于城市内部，是保留现状，内部环境需要改进。

河流的功能分区：在涝河两岸，根据各区段不同的区位条件，把滨河地区划分为三个功能区段（见图 3－7），每个功能区强调不同的特色。北段：古城西路—兆丰路，该区段位于甘亭镇老城区，其西侧有正在建设的渼陂湖旅游度假村，沿河建设的西户滨河花园已经起步，是甘亭镇发展较为发达的区域。该区以教育、居住、休闲娱乐功能为主，是河流生态旅游开发的地段。中段：兆丰路—南北六号路，该区段位于甘亭镇与余下镇之间的地段，河流流经甘亭、余下两镇之间的绿化带，是河流生态恢复的地段。南段：南北六号路—白宋路，在该区段，河流流经余下镇，受到当地工矿企业的污染，应设置生态区域，形成稳固的抗干扰能力，其是需要生态保护的地段。将不同功能的区域以组团的形式相对独立出来，河流将各区紧密地联系在一起，形成组织有序、功能合理、风格独特的串珠式格局。

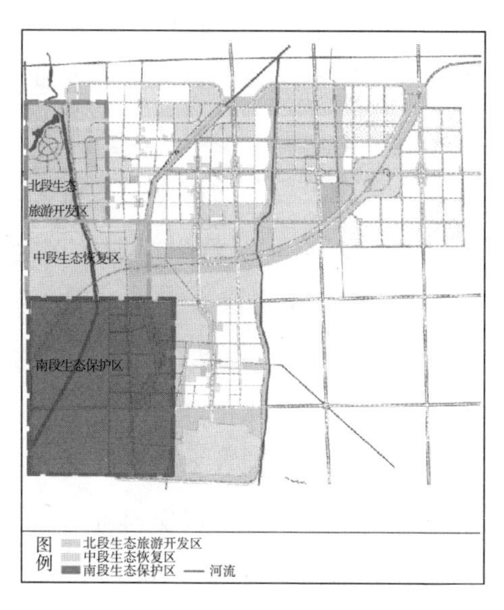

图 3-7 涝河甘亭镇保护利用分区

资料来源：笔者自绘。

河流沿岸的土地开发强度控制：开发强度控制的目的是使各地块在保证获得最优环境效益的同时，尽可能获得合理的最大经济效益。规划应在确定地块理论容积率后，结合地块使用性质和环境条件，对其做出适当调整，以期获得最佳容积率。

河流沿岸的土地规划控制：通常滨河地区的控制性详细规划除提出各种规定性和指导性指标外，还应强化由红线、绿线、蓝线、紫线和黑线共同构成的"五线控制体系"的定位定级。红线主要控制主干道及以上级别道路用地边界，绿线主要控制生态建设区边界，蓝线主要控制河流水系、滨水区边界，紫线主要控制人文景观保护区、历史街区、文物保护单位边界，黑线主要控制重点市政设施及走廊用地边界（David，1989）。

沿各条内河两岸，结合用地与现状建设条件，留出具有景观与生态功能的绿化用地，严格控制绿地宽度，结合有关实例，将其分为 20 米、

40 米、60 米、80 米、100 米五个控制级别，在河流沿岸控制各种城市公共空间用地范围。

滨河地区是城区重要的绿带。为了在城区内部充分吸收这些价值，我们有必要合理改变城区的物质形态，包括城区的结构布局、道路系统建设、开敞空间规划、建筑设计等。如尊重河流形态，依托河流规划城区结构；道路和开敞空间与河流相适应，留出足够的滨河绿化空间，将环境景观引入城区内部；滨河建筑面向河流开敞布置，使更多的有效使用空间借用景观；控制滨河建设区的天际轮廓线，控制建筑高度，强调滨河建筑以低层为主，随着建筑远离河流，高度逐渐增加，为更多居民提供观景的条件；等等。

规划方面：对于滨河地区，系统性和可达性也是十分重要的。在宽阔的地带上，两边建设林荫大道，中间设置线状城市公园必要的零售商业建筑。这一线状开敞空间与城内绿化轴垂直相连，将清新空气和景观通过这一个个视廊渗透到城镇中心地带。滨水步道系统的建立则以步行组织为脉络，串联起滨水的广场、公园、绿化，甚至和建筑群体的中庭空间联系起来，形成一个复合的立体化开敞空间。

建筑方面：在滨河地区的未来建设中，对于建筑形态的选择，不是通过单个建筑，而是通过建筑之间以及建筑与环境之间的协调整体性来表现城市风貌。措施有：滨河重要地段的建筑，其高度、体量以不遮挡城市公共空间为限，并制定建筑水平长度控制，避免出现庞大体量。滨河建筑不易过高（除非城市风貌建设需要），应随离开河流的距离逐步提高层数。沿岸建筑应提供面向河流的步行或景观通道，包括建筑之间的通道、建筑底层架空走廊等，而且不仅要使滨水的建筑，还要使纵深的建筑有良好的观水视线，体现滨水景观的层次感和宽广的视域范围。

四　河流的开发和利用

严格控制秦岭北麓和惠安化工厂之间的约 2000 米宽的用地，把这块用地规划为生态隔离带，禁止开发利用，保证山体与城市之间的距离。

加强涝河与潭峪河的河道治理，在城市建设用地范围内，河道两边预留 50～70 米的绿化带，加固加宽河堤，一方面防洪抗灾，另一方面形成两条林荫带，为城市居民提供休闲散步的场所。

在甘亭镇和余下镇之间，即西汉高建公路与纬六号路之间，设置一条 1 公里宽的生态林带，减小余下工业城对甘亭中心城市的影响。

沿西汉高速公路北侧设 150 米宽的绿化隔离带，一来降低高速公路车流噪声对城市居民工作和生活的影响，二来给城市加一条绿边，美化城市的对外面貌。

第二部分

黄土高原沟壑区村镇单元的生态重构

第四章

黄土高原沟壑区村镇现状

第一节　黄土高原沟壑区村镇情况

一　黄土高原沟壑区

渭河北岸支流发源于黄土高原，黄土高原位于我国的北部和西部，处北纬34°～41°，东经103°～113°。东起太行山，西至贺兰山、日月山与乌鞘岭和西藏高原，南至秦岭，北及大青山的广大区域，包括山西、陕西、甘肃、宁夏、青海、内蒙古、河南7个省份，总面积53万平方公里。

黄土高原包括黄土高原沟壑区和黄土高原丘陵区两种典型地貌类型，黄土高原沟壑区主要分布在甘肃陇东地区和陕西省延安地区南部、咸阳地区北部，分属于泾河流域和洛河流域。总面积1.5万平方公里，包括6个地市、21个县，2003年统计有建制镇97个，人口为350万人。黄土高原沟壑区主要包括黄土塬、黄土台塬和破碎塬三种地貌类型。

黄土塬：由平坦的古地面经黄土覆盖形成，它是黄土高原经过现代沟谷分割后留下来的高原面，是侵蚀轻微而平坦的黄土平台，是高原面保留较完整的部分。塬面平均坡度多在5°以内，边缘坡度较大，以破碎塬为主，最典型的是陇东的董志塬和陕北的洛川塬（陕西省地方志编纂委员会编，2006）。

黄土台塬：为复合类型，主要分布于渭河谷地两岸。

破碎塬：由平坦黄土塬被水流侵蚀破坏形成，塬面坡度一般为3°~5°，塬面宽200~300米，长达数千米到2万多米。

黄土高原沟壑区地貌结构由沟间地与河沟谷地两类黄土地貌形态构成。沟间地包括黄土塬、黄土梁，是由河沟谷地所围合的、由黄土所覆盖的高平地。河沟谷地泛指除沟间地以外的负地形，根据发育和开析状况可概括为浅沟、切沟、冲沟、干沟、河沟和河流。河沟谷地沟深从2米到80米不等，沟宽几米至几百米，沟坡经常出现崩塌、滑坡现象，土壤侵蚀严重。河沟谷地之间的黄土塬、黄土梁面积大小不一，坡度平缓，土壤侵蚀轻微。河沟谷地和沟间地交错分布形成黄土高原沟壑区独特的地形地貌。

黄土高原沟壑区是具有相同地貌发育史、相同地表特征和相同现代地貌内外营力过程的地貌综合体。地貌结构具有明显的自相似性，宏观尺度上表现为“河沟谷地+沟间地+河沟谷地”（简称“两沟夹一塬”）的单元重复，在微观尺度上表现为每个黄土塬都具有相似的“塬面+沟坡+沟谷”的地貌结构。

根据村镇分布位置统计，黄土高原沟壑区位于塬面的村镇占66.7%，其余位于河沟谷地的村镇只占33.3%。由此可见，村镇主要分布于塬面上，且塬面之间以沟壑分割，塬面之间的交通运输、生产协作和信息流通网络不发达，村镇间物流、能流、信息流传输数量少、时间长、成本高，村镇群表现为以塬面为中心的单元式分布趋势，这种内聚趋势更加强了各单元村镇群的封闭性和独立性。村镇分布与地貌结构均表现出以黄土塬（梁）面为中心、以河沟为边界的相似特征。

二 黄土高原沟壑区村镇单元

黄土高原沟壑区村镇单元是一个基于以黄土塬为中心的单元区域范

围的整体开发领域，是自然系统和村镇系统实现功能系统一体化的基本单位。本书根据简单、直观和便于操作的原则，以河沟或河流中心线为单元边界进行划分可知，单元地貌结构一般包括塬面及两侧沟坡和沟谷几大部分（于汉学，2005）。

河沟或河流坡陡沟深，开析度大，且常年有流水，对单元间物流、能流、信息流的传输阻碍作用最大。河沟或河流溯源侵蚀不太活跃，具有较好的稳定性。作为村镇单元的边界，使单元具有一定独立性和内向性特征。

村镇单元是一个由塬面、沟坡、沟谷组成的完整的输沙输水系统。雨水在塬面形成径流，经沟坡汇入沟谷完成雨水的再分配过程，同时也完成塬面水蚀—沟坡水蚀、重力水蚀—沟谷重力侵蚀等土壤侵蚀过程，有利于水土保持生态治理与村镇建设的统一规划和实施。

村镇单元是一个相对完整的社会经济发展单元。沟壑切割使黄土塬成为一个个土地资源单元，塬面以肥沃的黑垆土为主，适耕性强；沟壑以贫瘠的黄善土和红黏土为主，适耕性差。在人与资源长期交互作用下，形成了塬面以粮食生产和农产品加工为主，沟壑以农林牧业为主的经济格局，以黄土塬为单位的生产专业化社会劳动分工明显。这种互不联系的小区分割使社会经济小区间辐射半径难以衔接，导致社会经济在整体上表现为以塬面为单元进行结构优化，有利于在一个相对完整的社会经济单元中整合村镇体系。

村镇单元作为自然地理单元、土壤侵蚀单元和社会经济单元基本上是与村镇体系单元相耦合的。面积较大的黄土塬往往与城镇体系单元吻合，面积较小的黄土塬往往与一个村镇体系或初级村镇体系单元吻合，因此，村镇单元是一个村镇体系协调发展的有机体，具有较好的自我平衡和调整能力。

村镇单元是一个“三生复合系统”。村镇单元包括生态系统、生产系统和生活系统三大系统，三大系统相互作用、相互依存，只有村镇单元人居生产、生活系统与自然生态系统协调统一发展，才能改善人民生存条件，提高人民生活水平。

村镇单元是黄土高原沟壑区生态 - 生产 - 生活系统的复合单元，具有自然完整性、单元重复性和限定制约性。以黄土塬为中心的村镇单元，能比较典型地反映村镇发展与自然环境的关系，有效发挥生态、生产和生活系统的综合效益。自然完整性体现在每一个村镇体系研究单元中都是一个完整的输沙输水和土壤侵蚀以及自然保育系统，是自然界中初级物质能量自循环系统。单元重复性表现在黄土高原沟壑区包括众多黄土塬，这些黄土塬的自然支持系统、村镇建设发展系统和经济发展条件具有极大的相似性，相似性导致重复性，选取典型单元分析现状、发现问题、解决问题，为大范围解决问题提供可行经验。限定制约性表现为黄土塬由于地理条件限制，塬面人居活动相对独立，把村镇人居系统发展限定在一定区域内，单元内部系统与外界的联系渠道相对较少，制约了村镇发展速度和方式。

第二节 "姜家河 + 十里塬 + 通深沟"村镇情况

一 "姜家河 + 十里塬 + 通深沟"村镇自然地理条件与边界

黄土高原沟壑区由多个村镇单元组成，由于各村镇单元的相似性和重复性，本书选取典型单元——"姜家河 + 十里塬 + 通深沟"村镇单元为研究对象，对其村镇人居现状进行分析研究，提出村镇人居环境可持续发展的应对措施，为整个黄土高原沟壑区村镇人居环境改善提供可资借鉴的方法。

根据"村镇单元"的基本定义，"姜家河 + 十里塬 + 通深沟"村镇单元（以下简称"单元"）是以十里塬为中心，以姜家河和通深沟河流中心线为边界的自然系统及村镇人居系统的统一体。姜家河和通深沟全程流经三个地貌区：北部山地丘陵区、中部黄土塬区、南部河川阶地

（淳化县志编纂委员会编，2000）。北部山地丘陵区（简称“山区”）包括淳化县北部和旬邑县境内黄花山南部山区、山前丘陵地，中部黄土塬区包括塬面和河沟谷地两部分，南部河川阶地主要指泾河和十里塬塬面之间的地区，俗称“川台”。由于其地貌复杂性，单元边界确定具有一定复杂性（见图4－1）。

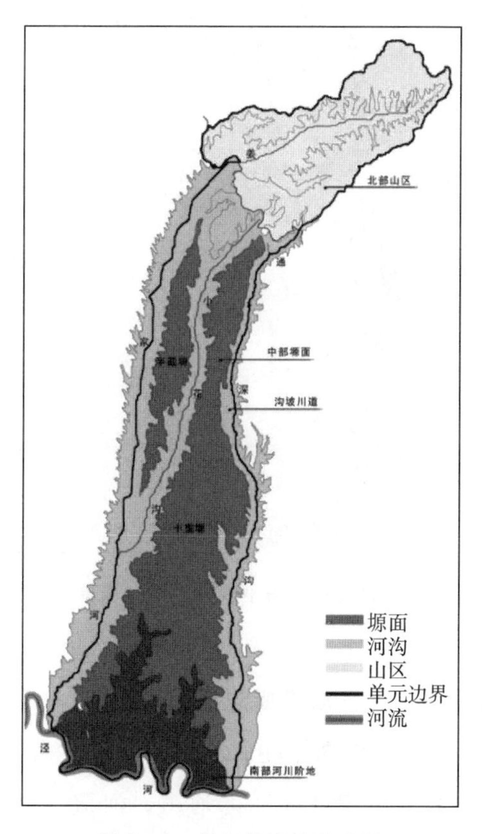

图4－1 村镇单元地貌分区

资料来源：笔者自绘。

“姜家河＋十里塬＋通深沟”单元跨姜家河流域和通深沟流域两个小流域，河流上中下游处于三个地貌区范围内，在不同地貌区中村镇系统呈现与河流的不同关系，决定了本单元边界不能单纯界定为河流中心线，具体界线分为三部分（见图4－2）。

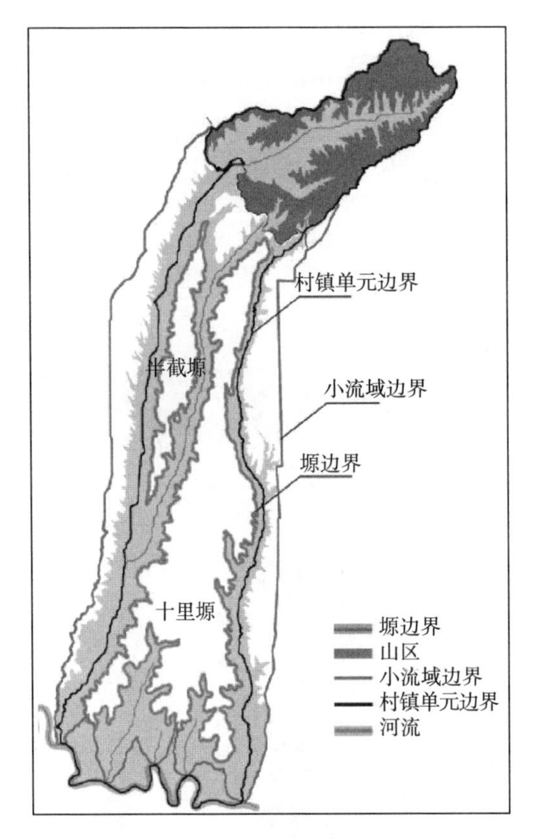

图 4－2　村镇单元边界与小流域人居环境单元边界关系

资料来源：笔者自绘。

1. 北部山地丘陵区——以流域边界为界

由于北部黄花山山区山高坡陡，不利于人居，山区村镇聚集在河沟谷地附近，河谷成为村镇相互联系的通道，河流自然分水线是流域边界，也是村镇系统的分界线。村镇单元与小流域人居环境单元表现出一致性，所以，山区以姜家河和通深沟流域界线为村镇单元北部边界。

2. 中部黄土塬区——以河流中心线为界

中部黄土塬区河沟与塬面呈现明显的“两沟夹一塬”特点，村镇聚集于塬面，河沟谷地沟深坡陡，几乎没有村镇分布。此地区河流成为村镇之间能流、物流、信息流传输的严重障碍，两河流中心线之间塬面村镇联系紧密度高，所以中部以姜家河和通深沟河流中心线为村镇单元东西边界。本村镇单元十里塬完整塬面又被姜家河支流——小花沟分为大小两个相对独立塬面，由于小塬面小而窄，依附于大塬面存在，是不完整的塬面，称之为半截塬。小塬面村镇系统与大塬面村镇系统之间在历史上就联系紧密，是一个完整系统的主次两部分，整体研究能够提高研究的完整性和严谨性。

3. 南部河川阶地——以泾河中心线为界

引入了“小流域”的研究概念，认为黄土高原是由若干个小流域人居环境单元组成的，小流域一般汇水面积300平方公里左右，泾河属于渭河一级支流，总流域面积达45421平方公里，属于中流域范畴。在本村镇单元研究中，若只限定在小流域范围内，则使一部分河川阶地村镇位于本单元研究范围以外，而实际上，这些村镇与十里塬村镇从交通和经济往来上联系都较紧密，小流域界限割裂了南部河川阶地村镇系统完整性，所以南部地区打破了小流域的概念限定，以中流域河流——泾河中心线为村镇人居研究单元南部边界。

由此确定，村镇单元总面积为192.6平方公里，其中塬面总面积为69.1平方公里，山区总面积为45.4平方公里，沟坡川道总面积为50.7平方公里，南部河川阶地总面积为27.4平方公里；长33.6公里，宽为4～10公里。

二　“姜家河+十里塬+通深沟”村镇单元“三生”系统

黄土高原沟壑区村镇单元是生态-生产-生活系统的复合单元，各系统互相联系、互相制约，组成区域人居系统，只有三生系统协调发展，才能推动区域可持续进程。针对本书研究的村镇单元，“三生”系统的相互关系及内容均表现出一定的特殊性。

（一）自然生态系统

自然生态系统包括区域地貌、气候、水文、植被和自然灾害情况。地貌和气候属于区域性总体特征，此处不赘述。

水资源主要由地表径流和地下水组成。本单元地下水贫乏，宜井区较小，仅可解决该区人畜饮水和少量的农田灌溉。确切地说，河流包括姜家河、通深沟、小花沟和泾河一部分，河流径流量季节分配不均，沟深流急，一般引渠间接利用农田灌溉。本单元属贫水区，大力发展水土保持成为农业生产上的重要课题。

夏、商、周时期，土地大部分被森林覆盖，经历代砍伐，历史上的天然植被而今大部分已被人工植被替代，仅在北部山区可见少量天然次生林，树种为辽东栎、山杨、桦木、核桃等。目前沟坡无天然森林植被，仅有人工林及杂草灌木，水土流失严重。塬面栽植经济果林和“四旁”树。植被系统严重退化影响了单元的水土保持系统，导致生态环境恶化和景观效益缺失。

水土流失是广大黄土高原生态系统存在的主要问题。中国科学院院士刘东生在2002年5月30日院士大会上说，我国黄土高原的水土流失虽然是几百万年来的地质现象，但1万年以来剧烈的沟谷切割情况表明，近千百年来人类活动是引起这个地区水土流失的主要因素。水土流失危害主要有切割塬面，破坏农田：沟头延伸，沟床下切，沟岸扩张，农田被毁；水肥流失，产量低下，使农耕地成为“跑水、跑土、跑肥”的“三跑田”；淤积水库，洪灾严重。水土流失的主要因素有地貌大部分以黄土为主，土层松厚，易溶于水而产生流失的自然因素和滥砍、滥伐、滥牧、陡坡开荒、削坡筑路等建设造成严重水土流失的人为因素。

相对塬面，塬边、沟坡川道、山区和河川阶地地形破碎，生态脆弱，其是黄土高原沟壑区水土流失的主要地区。其中沟坡川道的水土流失以沟蚀为主，属于水土流失中重力侵蚀的一种，后果严重，导致沟头延伸，沟岸扩张，切割塬面；目前无天然森林植被，仅有人工林及杂草灌木，沟坡造林主要树种有刺槐、泡桐、杨树等。塬面以面蚀为主，属于水利侵蚀，侵蚀强度一般不大；塬面栽植经济林和“四旁”植树，主要树种有苹果、梨、核桃等。塬边坡陡处容易发生崩塌，加之塬边村镇建设砍伐树木，植被覆盖率低，加大了水土流失的频率和危害，造成生态和人居发展的恶性循环。北部山区：山区坡度较陡，容易发生重力侵蚀，造成滑坡、崩塌等。旬邑县县办林场——石门林场，在本流域内有七里川、石门关2个营林区。南部河川阶地：南部泾河北岸侵蚀沟坡水土保持林区，区内地貌复杂，沟壑密布，气候干旱，土壤瘠薄，植被稀疏，水土流失严重。严重的水土流失造成旱涝灾害及地貌侵蚀，导致土壤肥力衰减，蚕食塬面，威胁村庄、道路及耕地安全，生态环境恶化，使区域经济发展受到极大制约；村镇发展导致的大规模村镇建设活动又加剧了水土流失，这样形成村镇建设与自然生态系统之间的恶性循环。

单元水资源缺乏、植被系统支离破碎，自然灾害严重，自然生态系统极其脆弱，影响了村镇生产、生活，为了村镇人居环境的可持续发展，本单元自然生态系统需要着重保护和恢复。

（二）农业生产系统

本单元经济以农业为主，占50%左右，其次是林业和牧业，其他副业只占总产值的5%左右。

农业主要包括粮食种植、苹果种植和杂果种植，粮食主要种植小麦、玉米；苹果种植产值最大，主要分布于塬面和梁上；杂果主要有樱桃、核桃、杏等。

林业主要分布于北部山区和南部河川阶地，包括天然次生林和人工林。中部塬面种植农田防护林。沟坡无天然森林植被，仅有少量人工林及杂草灌木。

牧业以养殖牛、羊为主，主要分布在北部梁塬地区。

本单元生产系统与土地密切相关，提高人民生活水平，加大生产力度，必然影响到自然生态系统，需要制定生态产业结构重构措施，在改善人居生活系统的同时，平衡农业生产系统与自然生态系统的关系，使三大系统协调发展。

（三）人居生活系统

村镇是村镇单元人居生活系统的基本载体，村镇的分布、规模、结构、建筑等都直接关系到村镇单元人居的发展和改善，是村镇单元研究的核心要素。

本单元共有村镇居民点 107 个，总人口为 32229 人，村镇的分布、规模、等级以及产业职能具有一定规律性。

民国及其以前，本单元地区人口主要分布在水系附近。为避徭役、捐税、战乱等，趋于僻远的深山。中华人民共和国成立后，人口逐渐向经济发达，交通便利，生产、生活条件优越的塬面地区集结，形成了塬区人口相对密集、山区及不发达地区人口相对稀少的局面。总的分布局势为：沿主要交通线相对密集，环境不良、缺水、交通条件差的山区及河川阶地人口相对稀疏。

本单元村镇包括淳化县十里塬（包括原北城堡乡）和马家镇全部，北部山区属于旬邑县清源乡范围。十里塬和马家镇分别位于十里塬北部和南部，北城堡位于半截塬上（见表 4-1）。十里塬南北狭长，中部狭窄，面积为 54.8 平方公里。中心集镇位于乡境南部，十里塬中部，与县城直线距离为 13.5 公里。北城堡所在的半截塬小而狭，总面积为 26.3 平方公里。2002 年撤乡并镇与十里塬合并。马家镇总面积为 68.2 平方公里，镇政府驻地马家村，与县城直线距离为 12 公里。北部塬面平坦，南部支毛沟纵横。

表 4-1　“姜家河 + 十里塬 + 通深沟”村镇人居研究单元相关行政区划

乡镇名称	行政村（自然村）数量	行政村（自然村）村名
十里塬	17（34）	十里塬（刘家堡）、北城堡（蒲家）、马家山、王家（王家堡）、梁家庄、上马山（灰窝子、斩断山、南坪、半截沟）、赵家（赵家硷、官道）、三里塬（细咀）、崔家（仙家河、甘咀）、宁家（魏家）、张家（杨家）、肖家（李家、高硷）、中咀（西渠、延家村、西沟、后沟、黄花山、簸箕岭、背山上、扣家山、杨家山、石沟、箭杆梁）、和家山（东沟畔、耀贤）、蒙家、沟圈（宋家、拜家）、庄子（上庄子、下庄子、白家）
马家镇	17（29）	马家、塭塘（久建）、永丰（东咀）、曹村（南曹、吴家）、罗家（罗家河）、后哇（茨坪、前咀）、马岭（陈家）、西坡（南乡、常家河、刘家河）、堡子（东村）、桥上（平地庄、埝里、张家坡）、李家（常家、包前咀）、火留（半坡、北硷、火留岭）、李木庄（咀子河滩、南山、东湾里、李木庄山）、德义（对坡）、强家、辛家（辛家河、崔王）、高家（富家河、高家河）

续表

乡镇名称	行政村（自然村）数量	行政村（自然村）村名
清源乡	3（12）	暗门子（庙沟、席家村）、七里川（桃树沟、前梁上、后梁上、张家山、余家沟、埝岭）、水沟口（大草沟、小草沟、东槐、窑上）

注：括号内为自然村。

资料来源：户县志编纂委员会（1987）。

三生系统中，生态系统是基础，生产系统是手段，生活系统是目的。“姜家河 + 十里塬 + 通深沟”单元自然生态系统脆弱、退化严重，是改善村镇人居系统以及发展生产系统的基础；生产系统产业单一，以农业生产为主，受生态系统制约性大；人居生活系统处于系统发育初级阶段，不完善，受到生态系统和生产系统发展制约，需要从整体上协调引导村镇人居生活系统与生态、生产系统的关系，使三者协调发展。

村镇单元是三生系统相互作用的系统，下文将具体分析村镇现状及问题，有针对性地提出解决对策。

三　村镇现状

（一）行政等级

本单元村镇行政等级分为集镇、行政村和自然村三个等级。根据表4－1统计可知，本单元包括集镇2个（不包括清源乡），行政村37个，自然村75个。

“镇”仅指建制镇，是行政区域概念，根据国家20世纪80年代颁布建镇标准，总人口2万人左右可建镇，少数民族地区、人口稀少的边远地区、山区和小型工矿区、小港口、风景旅游区、边境口岸等地，可酌情降低建镇标准；中心集镇一般指建制镇政府所在地。

本书所研究集镇指在边远山区所建立的规模不大的建制乡镇政府所在地，包括十里塬和马家镇。

十里塬：乡政府驻地十里塬村，人口为1285人，占地1.0平方公里，沿十字街分布学校、商店、银行等公共设施近30处，基础设施相对完善，每月逢二、五、八日为集，服务半径约10公里，服务总人口近2.6万人，是现阶段十里塬北部塬面行政、经济及文化教育中心。

马家镇：镇政府驻地马家村，三（原）—旬（邑）公路穿境而过，人口为1945人，占地0.9平方公里，镇区分布商店、综合市场、学校和银行等公共服务设施，水电通信设施齐全，每月逢一、四、七日为集，高峰期达万人，是十里塬地区南部行政、经济、文化教育中心和重要的交通节点。

行政村一般指村委会所在地。在本单元中行政村所占比例很大，共有37个，各行政村规模差异很大，由几百人到几千人不等，规模较大的行政村发挥了中心村的作用，规模较小的行政村则相当于自然村。

自然村是村镇行政等级中最低等级的居民点，在本单元中数量最多（共有75个），规模最小（6～500人不等），基础设施不健全，大部分分布于山区。

（二）村镇规模

村镇规模指的是人口规模和用地规模，通常村镇用地规模随村镇人口规模而变化，所以村镇规模也可以用村镇人口规模来表示。村镇规模与其类型、布局形式有关，并受耕作半径和生产、管理水平制约，受地区的自然条件、交通、人口密度以及其他社会经济条件影响。

村镇人口规模是指在一定时期的村镇人口的总数。村镇人口总数应为村镇所辖地域规划范围内常住人口的总和。它是编制村镇总体规划的基础指标和主要依据之一，它影响着村镇用地规模的大小、建筑类型和层数高低及其比例、生活服务设施的组成和数量、交通运输量和交通工具的选择及道路的标准、市政公用设施的组成和标准、村镇布局等一系列重大问题（金兆森、张晖，1999）。

村镇的用地规模与村镇总人口规模、建筑数目和建筑标准以及各类建设用地标准有关。村镇用地统计范围一般通过村镇现状及规划范围确定，没有经过规划的自发形成的村镇用地可根据村镇现状用地类别粗略统计。本书所指村镇用地规模主要根据村镇建筑用地面积统计。

据2015年统计结果，本书研究单元内共有8745户，人口为32229人，村镇居民点为107个，居民点平均人口规模为301人。最大村镇马家镇为1945人，最小村小草沟只有6人，村镇规模差异性较大。

为了便于研究，把村镇人口规模划分为六个等级（见表4-2）。

表4-2　单元村镇人口规模等级

人口规模等级	村镇人口规模	村镇数量（个）	所占比例（%）	村镇人口总数（人）	所占比例（%）
Ⅰ	大于1200人	7	6.5	10295	31.9
Ⅱ	800～1200人	3	2.8	2785	8.6
Ⅲ	600～800人	3	2.8	1960	6.1
Ⅳ	400～600人	19	17.8	9120	28.3
Ⅴ	100～400人	20	18.7	4235	13.1
Ⅵ	小于100人	55	51.4	3834	12.0
	合计	107	100	32229	100

资料来源：根据淳化县人口统计资料分析制表。

据统计全国村镇平均人口规模为215人，关中平原地区村镇平均人口规模为300～400人（陕西省统计局，1998），而本单元村镇居民点平均人口规模为301人，本单元村镇人口平均规模与关中相比稍小。

人口集中分布在大于1200人和小于600人的村镇，大于1200人的村镇人口总数占总人口数的31.9%，村镇人口规模大、数量少；小于600人的村镇人口总数占总人口数的53.4%，村镇人口规模小而数量多。

本单元村镇用地规模为12.90平方公里，仅占村镇单元总面积的6.7%，村镇分布密度小。

为了研究方便，根据村镇人口规模与用地规模的关系，把用地规模划分为六个等级。如表4-3所示。

表4-3　用地规模等级

用地规模等级	用地范围	村镇数量（个）	所占比例（%）
Ⅰ	大于1.0平方公里	1	0.9

续表

用地规模等级	用地范围	村镇数量（个）	所占比例（%）
Ⅱ	0.5～1.0 平方公里	7	6.5
Ⅲ	0.3～0.5 平方公里	7	6.5
Ⅳ	0.2～0.3 平方公里	17	15.9
Ⅴ	0.1～0.2 平方公里	18	16.8
Ⅵ	小于 0.1 平方公里	57	53.3
	合计	107	100

资料来源：笔者自制。

村镇用地规模与人口规模基本呈正比例对应，部分村镇用地规模比较大，但人口规模小，村镇人均占地面积过大，造成土地资源浪费。

（三）村镇分布

由于村镇历史沿革、自然条件等因素制约，村镇分布与村镇的规模、性质和职能等因素联系起来，几大因素相互影响、相互制约，形成了村镇分布的规律性系统。

村镇人居研究单元中包括北部山区、沟坡川道、南部河川阶地和黄土塬四大地形区，各地形内村镇规模和职能以及类型都有所不同。在本书研究单元中，几乎 100% 大型和较大型村镇集中于塬面，山地散布大量的小型村落，沟坡川道分散分布了部分小型村落（见表 4－4、图 4－3、表 4－5）。

表 4－4　单元地貌类型及村镇数量、人口数量

		地形区面积及比例		村镇数量及比例		人口数量及比例	
		(km^2)	所占比例（%）	（个）	（%）	（人）	（%）
北部山区		45.4	23.6	27	25.2	1286	4.0
塬区	十里塬	58.3	30.3	52	48.6	25485	79.1
	半截塬	10.7	5.6	13	12.1	4274	13.3
沟坡川道		50.7	26.3	4	3.7	663	2.1
南部河川阶地		27.4	14.2	11	10.3	521	1.6
合计		192.5	100	107	100	32229	100

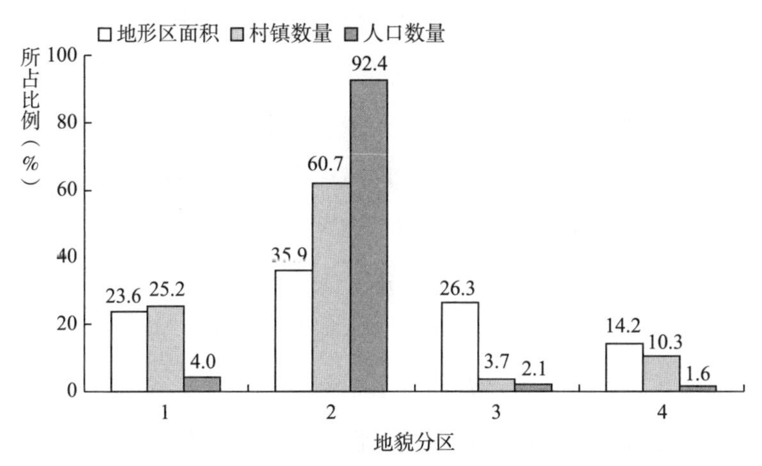

图 4-3 单元各地形区面积与村镇数量、人口数量关系

注：1-北部山区，2-塬区，3-沟坡川道，4-南部河川阶地。

表 4-5 各地形区村镇分布密度

	北部山区	沟坡川道	南部河川阶地	塬区	平均
村镇密度（个/km^2）	0.6	0.08	0.4	0.9	0.5
村镇平均人口规模（人/村）	48	165	47	457	179
人口密度（人/km^2）	238	13	19	431	175

北部山区村镇平均人口规模为 48 人/村，比平均规模小约 3/4；村镇数量共有 27 个，占村镇总数约 1/4；总体分布离散，基本分布在姜家河川道和距离川道较近的山坡上。沟坡川道与南部河川阶地共有村镇 15 个，一般是规模小于 100 人的小型自然村，总人口为 1184 人。村镇在河流全段范围内分散分布，姜家河中游与山区接壤处川道较宽，坡度较缓，有村落分布；下游与小花沟交汇处有高家河、富家河、仙家河等村。小花沟和通深沟沟谷没有村镇分布。中部塬区村镇密度最高，达 0.9 个/km^2，村镇人口规模较大，平均为 457 人，是北部山区平均规模的约 10 倍。塬区面积占单元总面积的 35.9%，塬区人口占研究单元内总人口的 92%以上，主要集中于塬心和塬边地区，中间地带分布了大面积农业耕作区。本单元特殊的地形地貌条件直接影响了村镇分布，是村镇体系形成的基础。

黄土高原沟壑区村镇存在塬面化趋势，村镇分布于塬面具有一定合理性。山区与河川阶地地形地貌复杂，生态脆弱区有大量小型村落散布。历史上本地区村镇是人们躲避灾害、战乱而形成的，当前村镇迅速发展时期，这些村镇已不能满足人居环境发展的要求，人居环境迫切需要改善。大量村镇分布于塬边，塬边属于水土流失严重的生态敏感区。原来村镇分布于塬边是由于社会生产力低下，人们为了保护大量塬面良田而在边缘建村，现在生产力进步，耕地产量提高，而且交通等基础设施发展较快，为农村多种经营提供了条件，村镇继续在生态脆弱的塬边地区蔓延，成为人居环境恶化的主要因素之一，村镇单元生态发展不允许村镇继续在塬边地区无序蔓延，其发展需要生态措施引导。

（四）村镇产业布局及村镇经济发展等级

本研究单元村镇经济结构以第一产业农业、林业为主，产值占生产总值的80%～90%；第二产业普遍落后，集体企业近20年来大多逐步倒闭，个体企业多为小型农产品初级加工业及自然资源初级开发型，现阶段主要围绕苹果种植开发产业；第三产业为副业，主要包括集市贸易和小型服务业。第一产业遍布于整个村镇单元范围内，北部山区以林业为主，中部塬区以种植业为主，南部河川阶地以林业为主，河沟谷地也有少量农田种植；第二、第三产业不发达，主要集中于十里塬和马家镇镇区（见表4－6）。

表4－6　村镇产业类型及布局

产业类型		产业分布
第一产业	种植业	遍布整个单元范围内，主要分布于塬区，山区有少部分药材种植
	养殖业	塬区北部丘陵
	林业	北部山区和南部河川阶地
第二产业	初级加工业	塬区交通发达的村镇，如马家镇套袋厂
第三产业	集市贸易	主要分布在马家镇和十里塬

按照村镇综合经济水平，把单元内村镇分为三个等级，即Ⅰ、Ⅱ和

Ⅲ类（见表4－7）。

表4－7　行政村经济水平等级

村镇综合经济水平	村镇名称
Ⅰ	十里塬、梁家庄、宁家、张家、沟圈、德义、永丰、塭塘、马家镇
Ⅱ	蒙家、肖家、和家山、马家山、李木庄、桥上、高家村、强家
Ⅲ	中咀、北城堡、王家村、赵家、上马山、崔家、三里塬、李家、火留、堡子、西坡、马岭、辛家、曹村、后哇、罗家

上述村镇除张家村以劳务输出为主要经济来源外，其余村镇均以第一产业为主导产业。本村镇单元产业类型单一，发展缓慢，以土地为主要生产资料，生产活动对生态环境影响较大，如何协调村镇产业开发、经济发展与生态可持续发展的关系是产业重构面临的主要问题。

（五）村镇职能

村镇职能是指各村镇在区域社会经济发展中的地位和作用。在一定地域范围内不同村镇间主要职能的组合状况构成村镇职能结构，体现着各村镇在地域空间经济活动中的分工和协作配套特征。一般来说，村镇的职能不是单一的，有主导职能也有次要职能，有特殊职能也有一般职能。主导职能和特殊职能大多是为村镇以外的地区服务的，具有地区意义，它是由城镇的专业化分工所决定的。次要职能和一般职能是村镇所共有的或为主导职能配套服务的职能，仅具有地方意义。

表4－8　单元部分村镇职能调研表

		名称	马家镇	十里塬	梁家庄	德义	永丰	蒙家	马家山	宁家	温塘	强家	北城堡	肖家	和家山
		规模	Ⅰ	Ⅰ	Ⅰ	Ⅰ	Ⅰ	Ⅰ	Ⅰ	Ⅱ	Ⅱ	Ⅱ	Ⅲ	Ⅲ	Ⅲ
村镇职能	行政管理	乡政府	●	●											
		村委会	●	●	●	●	●	●	●	●	●	●	●	●	●
		派出所	●	●											
		工商税务	●	●											
		交通管理	●												

续表

		名称	马家镇	十里塬	梁家庄	德义	永丰	蒙家	马家山	宁家	温塘	强家	北城堡	肖家	和家山
		规模	Ⅰ	Ⅰ	Ⅰ	Ⅰ	Ⅰ	Ⅰ	Ⅰ	Ⅱ	Ⅱ	Ⅱ	Ⅲ	Ⅲ	Ⅲ
村镇职能	文化教育	初中	●	●									●		
		完全小学	●	●			●		●		●	●	●		
		初级小学			●	●		●		●				●	●
		幼儿班	●		●		●		●		●				
	医疗卫生	卫生院	●	●									●		
		私人诊所	●		●	●	●	●	●	●				●	●
	商业服务	银行信用社	●	●											
		电信营业厅	●	●									●		
		农业商店	●	●					●		●				
		日杂店	●	●	●	●		●	●	●	●		●	●	●
		食品店	●				●								
		粮店	●				●								
		饭店	●	●		●									
		招待所	●												
		理发店	●		●	●	●				●		●		
		修理、加工、收购	●	●		●		●		●	●		●		
		服装店	●												
	集市贸易	商业街	●	●									●		
		农贸市场	●												
		果行	●	●		●	●				●	●			
	公共设施	抽水站	●	●	●	●	●	●		●	●		●	●	●
		共公厕所	●	●	●		●			●			●		
		晒场			●	●	●				●		●	●	
		配电站	●	●	●	●	●	●		●	●		●	●	

表4－8可以看出，马家镇和十里塬行政管理、文化教育、医疗卫生、集市贸易等职能基本齐全，是本地地区中心集镇，连接了县城与农村。从实际公建设施看，十里塬和马家镇分别设有完全小学、初中和卫

生院；马家镇设有商业街和农贸市场，十里塬只有商业街。本村镇单元共有行政村37个，人口规模Ⅲ级以上共有表4－8所列的13个，除马家镇和十里塬，其余11个村大多只有简单行政管理、文化教育和医疗卫生职能，主要公建设施有村委会、初级小学、日杂店和私人诊所，大多没有集市。其中距离中心集镇较远的马家山、北城堡、永丰、强家和堰塘设有完全小学，北城堡还有初中，使单元除马家镇和十里塬形成五个相对独立的副中心，其职能相当于中心村。另外梁家庄位于十里塬和马家镇之间，历史悠久，规模较大，经济基础好，对十里塬南部宁家等村影响力较大，是位于十里塬和马家镇之间的中心村。

本单元村镇职能除行政管理、文化教育、医疗卫生、集市贸易等一般功能外，没有特殊职能，产业单一化导致村镇职能单一化，村镇职能受村镇行政等级和分布位置影响较大。村镇只有一般行政等级规定职能，缺少自己的特色职能；各村镇职能小而全，不具有互补性，导致各村镇孤立发展，缺乏联系；各村镇与中心集镇的联系方便程度影响了村镇部分职能，距离较远、交通不便地区容易形成相对独立的副中心。副中心人口规模较周围村镇稍大，地理位置适中，一般设有完全小学，在本单元形成了马家山、北城堡、堰塘等5个中心村。

（六）交通系统现状

村镇单元交通系统是单元基础设施的骨架，也是构成单元村镇体系空间结构的一个要素，交通运输在城市化和单元村镇空间结构形成中起重要的作用，交通条件的变化直接导致单元村镇体系空间形态的变化。

“姜家河＋十里塬＋通深沟”村镇单元道路系统分为四个等级，即国道、县级道路、乡级道路和村级道路。国道跨过河道沟壑联系各大塬面，是黄土高原沟壑区各村镇单元之间的主要联系道路，是塬面与外界联系的主要道路，呈现不规则的折线形，三旬公路穿过十里塬塬面南部地区；县级道路沿塬面纵深方向贯通塬面中心，根据塬面的宽度有一条或多条，县级道路联系县域范围内各乡镇与县城，一般与国道联系组成单元内最高级别的道路，共同承担研究单元主要对外交通，主要分布在塬面中心；乡级道路呈较规则的网络状分布，联系一般村镇与主要村镇的以车行为主，道路数量和分布范围较县级道路要多和广，是塬面的次要道路和山区的主要道路；村级道路级别低，路面未经过硬化，具体形态以某村镇为中心发散然后交织成网络状，遍布整个塬面和沟谷，分布最广，是联系各村镇的主要步行道路系统。

塬面交通系统发达，道路等级层次丰富，层级较高，密度大。山区道路沿河谷枝状分布，个别村镇位于较宽河谷处，大多位于两侧山坡上，村镇之间联系不便，道路等级次之，密度较低。南部河川阶地和沟坡川道以村级道路为主，密度低，交通系统最不发达。国道和县级道路共同组成本村镇单元交通系统主体结构，呈“I－⊥”形。塬面主要村镇沿主要道路线性分布，沿主要交通线形成主要村镇发展轴线。道路等级越高，附近村镇规模等级也较高，如马家镇、德义、永丰、十里塬等大型村镇都分布在国道和县级道路附近，而小型自然村分布在网状村级道路节点上。

四　村镇体系现状特征

根据我国农业生产水平和便于耕作管理的要求，村镇规模较小，分布较散。在一个乡村基层政府管辖范围内，有许多规模大小不等的村庄和若干集镇，形式上是分散的个体，实质上是互相联系的有机整体。其职能作用，设施多少，各不相同，在生产、生活、文化教育、服务和贸易等各方面形成一定的结构体系，称之为村镇体系。

虽然本单元村镇没有经过系统的村镇体系规划，但是根据本单元各村镇规模、职能、分布和交通之间的相互关系，村镇之间自然形成了一定的生产、生活、文化教育、服务和贸易上的联系，形成了初级村镇体系，村镇之间的联系是不完善的。

（一）村镇体系等级结构特征

我国村镇的体系结构一般按各自所处的地位、职能进行层次划分，综合各地有关村镇体系层次的划分情况自下而上依次为：基层村——一般行政村—中心村—中心集镇四个层次。

基层村是村镇中从事农业和家庭副业生产活动的最基本的居民点，没有或者只有简单的生活福利设施。在生产组织上，有的是一个村民小组，有的是几个村民小组，住户规模少则几户，多则百余户。一般行政村是指具有建制的村庄。中心村是村镇中从事农业、家庭副业和工业生产活动的较大居民点，一般是一个行政村管理机构所在地。它拥有为本村庄和附近村庄服务的一些基本的生活福利设施。住户规模少则二三百户，多则五六百户。一般集镇绝大多数是乡村基层政府的所在地，村镇企业的生产据点，商品交换、集市贸易的场地，交通运输的枢纽，文化教育、科技、卫生、邮电各个事业单位的设施场所。一般人口规模在2000～5000人。中心集镇一般可以是区域中心集镇，也可以是乡域中心集镇，人口规模分别为1万～2万人和0.5万～1.0万人。

就一个县（市）的范围而言，上述体系的四个层次，一般是齐全的，而在一个乡（镇）所辖地域范围内，多数只有一个集镇或一个县城以外的建制镇，划定为一般集镇或中心集镇，即两者不同时存在。但也有一般集镇和中心集镇同时存在的个别情况。基层村和中心村也有类似的情况，所以在规划中要根据村镇的职能和特征，对每个村庄、集镇和县（市）域以外的建制镇进行具体分析，因地制宜地进行层次划分。

根据上述村镇规模、村镇分布、村镇基本职能把本单元村镇划分为四个等级：自然村——一般行政村—中心村—中心集镇（见表4－9）。

表4－9　村镇体系等级规模

村镇等级	数量（个）	平均规模（人）	总人口规模（人）	村镇名称		
中心集镇	2	1575	3150	（清源乡）	十里塬	马家镇
中心村	6	1180	7080		3	3
					北城堡、马家山、梁家庄	堰塘、桥上、永丰

续表

村镇等级	数量（个）	平均规模（人）	总人口规模（人）	村镇名称		
一般行政村	28	550	15400	3	12	13
				暗门子、七里川、水沟口	上马山、赵家、三里塬、崔家、宁家、张家、肖家、中咀、和家山、蒙家、沟圈、庄子	曹村、罗家、后哇、马岭、西坡、堡子、李家、火留、李木庄、德义、强家、辛家、高家
自然村	73	93	6789	12	32	29
				庙沟、席家村、桃树沟、前梁上、后梁上、张家山、余家沟、埝岭、大草沟、小草沟、东槐、窑上	灰窝子、斩断山、南坪、半截沟、赵家硷、官道、细咀、仙家河、甘咀、魏家、杨家、李家、西渠、延家村、西沟、后沟、黄花山、簸箕岭、背山上、扣家山、杨家山、石沟、箭杆梁、东沟畔、耀贤、宋家、拜家、上庄了、下庄子、白家、刘家堡	南曹、吴家、罗家河、久建、茨坪、前咀、陈家、南乡、常家河、刘家河、东村、平地庄、埝里、张家坡、常家、包前咀、半坡、北硷、火留岭、咀子河滩、南山、东湾里、李木庄山、东咀、对坡、辛家河、崔王、富家河、高家河

自然村：同行政等级的自然村，数量较多，占村镇总量的67%；人口少，只占总人口的21%；村落规模小，平均规模小于100人/村。

一般行政村：具有建制村庄，拥有一般行政村的职能，各村镇发展情况不一，人口规模由Ⅰ级到Ⅵ级都有分布，占村镇总数的26%。

中心村：属于建制行政村的一部分，经济发展较好，一般建有完全小学，具有一定范围的村镇带动作用，占村镇总数的6%。

中心集镇：建制乡镇，同前文的“集镇”，包括十里塬和马家镇，占村镇总数的2%。

山区北部暗门子和水沟口属于旬邑县清源乡行政范围，山区南部、半截塬全部和十里塬北部地区属于淳化县十里塬范围，十里塬南部和靠近泾河河川阶地属于淳化县马家镇行政范围。

行政区划将本单元村镇体系等级层次分为三部分，包括完整的十里塬村镇体系和马家镇村镇体系，山区北部还有部分村镇自成独立的两级层次系统，三部分相对独立，十里塬村镇体系与马家镇村镇体系距离较近，村镇之间有一定联系，而与山区北部村落系统几乎没有联系，造成单元范围内村镇系统整体性差。

村镇层次结构存在如下几种类型。

中心集镇—中心村——般行政村—自然村，四级层次结构较完整，本单元绝大部分村镇属于此类型。

中心集镇——般行政村—自然村，一般位于中心集镇附近。

中心集镇——般行政村，例如十里塬—蒙家，马家镇—强家，结构简单，关系明确。

中心集镇—自然村，如十里塬—刘家堡，此类型中自然村呈缩小趋势，属于发展阶段的过渡类型。

一般行政村—自然村，主要指山区北部村落，由于地形交通限制，与塬区村镇体系基本没有联系，是不完善的村镇系统。

村镇层次越少，最低层次村镇受中心村镇影响越直接，村镇发展越快；层次越多，最低等级村镇规模越小，且发展缓慢，经济落后，如魏家虽然距离中心集镇十里塬很近，但是村镇等级层次较低，则发展较慢（见图 4 – 4）。

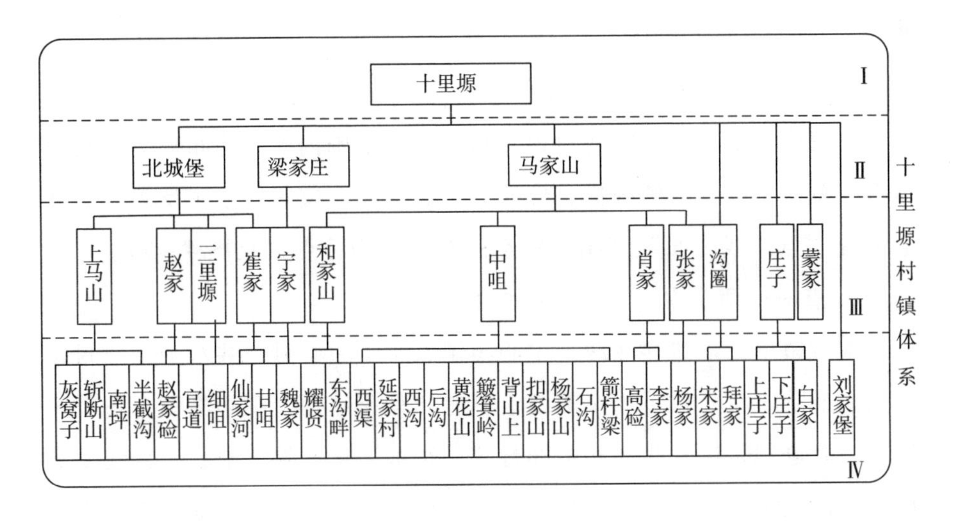

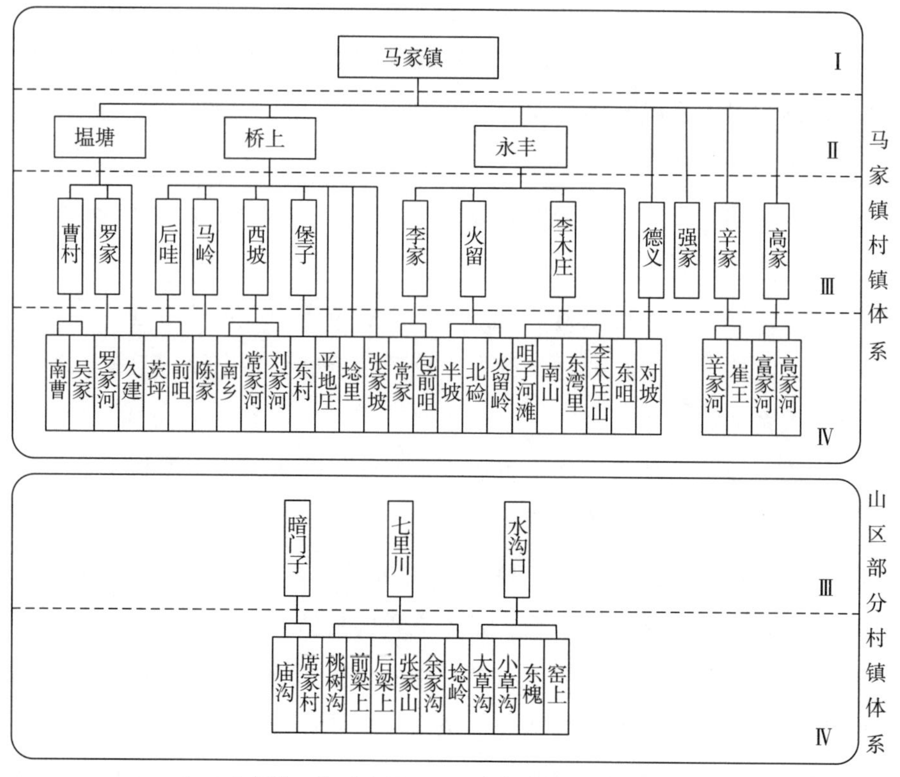

图 4-4　单元村镇体系等级结构

资料来源：笔者自绘。

（二）村镇体系空间结构特征

村镇体系空间结构指各村镇在村镇单元范围内的总体布局，是村镇体系的总体结构及村镇规模、性质、发展方向、位置的系统反映。总体上呈现“点—线—面”相结合的空间布局结构特点（见图 4-5）。

1. 点——两个中心、六个副中心

本村镇单元现状存在两个中心集镇、六个中心村，共八个主要村镇节点。现阶段单元村镇体系围绕十里塬和马家镇两个中心集镇，发展缓慢。二者分别是单元北部和南部行政、经济、文化教育中心，直线距离 1.5 公里，距离较近，辐射半径 10 公里，导致两个中心辐射范围交叉重叠，影响了单元村镇系统的整体性。北城堡、马家山、梁家庄、永

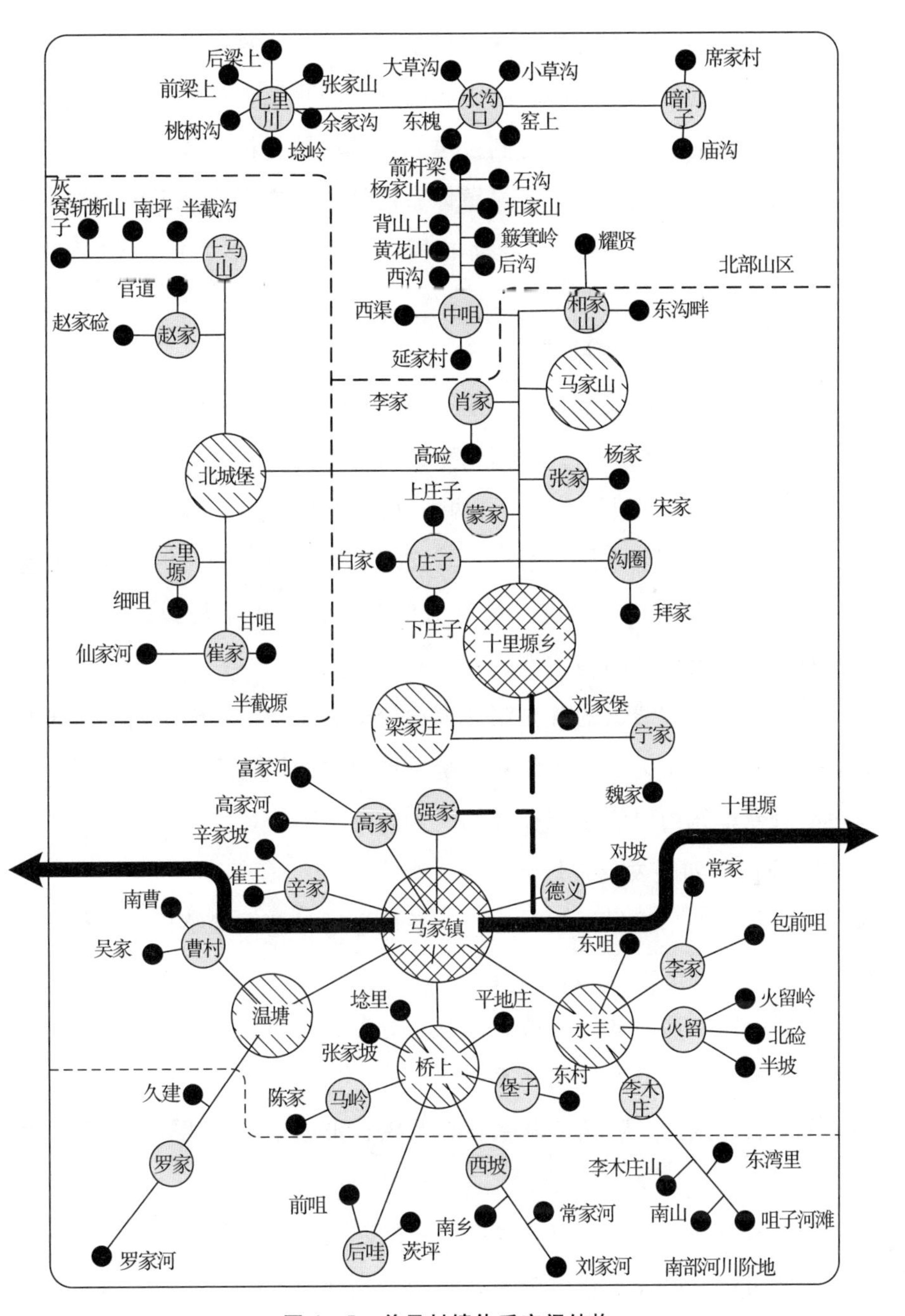

图 4－5　单元村镇体系空间结构

注：沟坡川道零星分布，无法在图中体现。

资料来源：笔者自绘。

丰、塭塘和桥上六个中心村，这六村是规模较大，对周围教育及经济有一定带动作用的发展副中心。副中心辅助中心集镇把村镇系统联系成了等级层次丰富的有机系统，有利于单元区域村镇整体协调。

这八个发展点是整个单元村镇体系的结构支撑点，是系统发展的关键点，通过关键点发展影响带动其周围区域的发展，从而带动整个单元。

2. 线——三条发展轴线

半截塬塬面窄而长，村镇沿县级公路布局，形成了“｜”形村镇空间结构；十里塬北部窄，南部稍宽，沿南部国道和北部主要的县级道路，形成了“⊥”形村镇空间结构。这样在整个村镇单元范围内出现了三条主要村镇发展轴线，通过道路交通及基础设施管线的联系，加强了村镇节点之间能流、物流、信息流的联系，明确了村镇群的发展趋势，增强了村镇体系的整体性。

现阶段发展轴线上的各村镇规模比较均衡，中心村镇的规模和职能带动作用并不突出，没有形成对系统发展起控制性作用的节点村镇，这也是本研究单元内村镇系统存在的一大问题。

3. 面——四个发展地区

村镇单元四个地形区相对独立，各地形区村镇布局结构存在较大差异性，呈现不同的区域性布局特征。

北部山区交通不便，村镇总体分布分散，村镇之间的联系度低，属于不规则的散点式空间结构体系。

塬面交通发达，村镇的联系比较紧密，形成了一个比较完善的村镇系统，主要沿道路呈“点轴式”布局，根据塬面宽窄程度，村镇系统复杂性有所不同，塬面越宽越复杂，反之越简单。

沟坡川道只有零星村落分布，布局极其离散。

南部河川阶地面积小，交通不便，地形复杂，村镇分布数量少，空间布局离散。

四个发展地区村镇发展以塬面地区为主体，山区次之，其他两地区自然环境占区域发展的绝对优势，村镇人居在三生系统中处于次要地位。

本单元村镇体系空间布局结构以塬面地区为主导，呈现“点轴式”发展的具体空间布局形式。以中心村镇为关键点，以主要交通线及其附近为发展轴线，多点串联发展。

（三）村镇体系产业结构特征

本研究单元村镇经济结构以第一产业农业、林业为主，从业人数11661人，占总人口的65%，产值占生产总值的80%～90%，主要包括种植业和养殖业，塬区种植小麦、玉米、苹果、杂果，其中苹果种植是本村镇单元主导产业，本地区气候、海拔适宜苹果生长，是淳化县优质苹果产区，大量出口海外。山区以林业为主，养殖业以牛、羊养殖为主。第二产业普遍落后，从业人数1423人，占总人口的8%，以初级加工业为主，目前只有马家镇套袋厂一家。第三产业为副业，从业人数4889人，占总人数的27%，主要分布在十里塬和马家镇，集市贸易和小型服务业是主要经济来源。

产业结构以劳动密集、资源密集的第一产业为主导，各村镇特色产业不突出，分布平均，整体水平低，没有形成产业带动力，不利于单元产业结构优化。

（四）村镇体系存在问题

1. 村镇层级结构不分明

在中心集镇—中心村——一般行政村—自然村的现状层级结构中，形成了三个相对独立的村镇系统，单元整体层次结构混乱。层级结构混乱导致村镇体系整体协调性弱，各村镇之间的关系松散混乱，单元整体上没有明确的职能分工，各村镇都以小而全的方式自由发展，形成了研究单元内村镇体系的混乱化。混乱无序系统不能发挥整体最佳效益，不符合生态发展要求。

2. 等级结构臃肿

单元村镇平均规模301人，村镇单元人口密度为167人/km^2，比平原地区乡村人口密度（例如关中平原地区户县人口密度为 477 人/km^2）（户县统计局，2004）小得多，不利于村镇集约式发展，村镇规模等级结构不分明，造成村镇体系不完善和低层次，阻碍了村镇的发展。中心集镇规模过小，不能形成明显的规模效益，中心对周边地区的辐射带动作用明显减小；一般行政村有的规模太小，其作用与自然村相当，其真正职能并未充分发挥；自然村规模太小，根据现代聚集理论，小于 100 人的村落规模过小，功能过于单一，基础设施不完备，不能满足现代人居质量基本要求，不适于村镇发展。

单元总人口为 32229 人，整体人口规模较小，四级村镇结构不利于拉开各级村镇发展距离，造成体系结构臃肿，整体水平低。

3. 单元对外联系不便

只有一条单元之间的主要联系通道，造成单元与外界联系不便，且偏于一侧，造成地区发展不平衡。村镇单元大，系统联系不畅通，影响大系统内村镇人居系统协调发展。

4. 中心不明确

单元中存在两个中心集镇，行政管理、经济贸易和文化教育不能在单元地域范围内整体协调，不利于单元内统一发展，不能充分发挥村镇体系的系统效益。

5. 村镇体系空间结构受地形地貌影响大

塬区地形平坦，村镇等级高，村镇体系发育相对完善，是整个单元村镇体系主体部分。山区南半部附属于塬区北部副中心马家山，村镇规模小，发育不完善，而且出现萎缩现象；山区北部村镇与单元其他村镇行政、经济、文化、交通几乎没有联系，相对独立，破坏村镇系统完整性。沟坡川道区自然条件差，基本没有村镇分布，个别村镇附属于塬边村镇，还不能独立形成体系。南部河川阶地有少量村镇分布，但是规模小，由于地形限制，村镇较难与塬区村镇发生联系，村镇之间联系少，这部分体系相对于塬面村镇系统，属于不完善的附属系统。

6. 村镇职能单一，缺少分工

本村镇单元内村镇经济以单一农业为主，村镇职能为各等级村镇的行政、集市贸易和简单服务功能。村镇之间联系以上下等级村镇之间的行政、商业为主，同级村镇之间联系较少，各村没有职能分工，职能互补性差，加剧了村镇之间孤立分散的关系。

（五）村镇体系与自然生态系统的矛盾

村镇体系与自然生态系统的矛盾主要表现在村镇位置与生态系统的矛盾、村镇分散与生态系统的矛盾、村镇自身用地扩张与生态系统的矛盾。

水土流失是本研究单元生态环境恶化的主要原因，根据本研究单元村镇分布规律，大量村镇分布在山区、河川阶地、沟坡川道以及塬边等水土流失严重地区，砍伐树木建设住房、开垦耕地、人类村镇建设活动加剧了水土流失。应采取措施引导村镇向水土流失轻微地区迁移，减少村镇发展建设给自然生态系统造成的负面影响。

从景观生态学角度看，村镇可以看作人类聚居的人居缀块，周围生态环境可以被称为生态缀块。村镇分布分散从而造成村镇周围生态环境分散化，不利于形成生态环境大面积缀块，根据“缀块大小”原理，小缀块不利于提高物种丰富度，生物灭绝率高，根据“大缀块效益”原理，大面积自然植被有利于生态环境保护和物种存活，分散的村镇人居缀块使研究单元中出现生态环境大缀块的概率减小，影响着生态环境可持续发展；各村镇距离较远，导致交通、通信和水电等基础设施铺设管道加长，造成资源浪费，不利于生态发展。

村镇建成区不断扩大，自身用地面积不断扩大，造成耕地面积缩小，自然生态环境逐渐萎缩，人类赖以生存的自然环境与人居环境出现不平衡发展趋势，造成生态环境恶化，人类聚居质量不断下降。

第五章
“姜家河+十里塬+通深沟”单元村镇体系生态重构

第一节 村镇单元人居环境适宜性评价

村镇单元是一个完整的生态、生产和生活系统，打破行政界域概念，从生态完整性角度调整研究单元内村镇体系，使人居发展与生态环境协调发展。

本书依据村镇单元固有的生态条件，选择与村镇建设密切相关的生态因子（地貌、坡度、土壤生产性、交通、土壤侵蚀、地基承载等）作为评价因子，对村镇单元土地人居环境适宜度进行定性评价（见表5-1）和定量评价。

表5-1 村镇单元不同地貌类型生态因子特征统计

地貌类型	坡度	土壤生产性		交通状况	年土壤侵蚀模数[t/(km²·a)]	地基承载状况
		土壤种类	平均单产（吨/亩）			
塬心	<5°	黑垆土	149~180	发达	500~1000	高
塬边	5°~15°	黑垆土	120~150	较发达	1200~1500	较高
沟坡川道	15°~25°	黄善土	87~132	不发达	2300~5000	低
山区	>25°	红胶土	90~150	不发达	1500~2500	低
河川阶地	>25°	黄善土	—	不发达	1500~2500	低

资料来源：根据中国科学院黄土高原综合科学考察队（1990）、陕西省水土保持局（1997）的资料整理所得。

在研究单元中，中段塬区从塬面到沟谷，随着坡度逐渐加大和土壤侵蚀增强，土壤的生产力、地基承载力依次降低，此地区塬面村镇用地程度高，交通发达，自然植被少，适于村镇建设；沟坡村镇用地程度低，交通不便，自然植被多，属于自然生态脆弱区，应以保护为主；而山区和河川阶地地区山梁与河沟交错，地形复杂，坡度大，土壤侵蚀严重，土壤生产力和地基承载力较塬区小得多，村镇用地程度低，交通不便，自然植被覆盖率最高，这些特性决定了此地区不适宜村镇大规模发展建设，宜发展生态林业。

人居环境适宜性评价定量方法是运用数字化方法对“姜家河＋十里塬＋通深沟”单元人居环境进行分析研究的。本书通过对流域地形地貌、边界、剖面及村落特征的分析，在GIS和其他软件的支持下获取量化的数据和直观的图，得出本村镇单元自然环境条件下的人居环境适宜性评价结果（虞春隆，2002）。

本书选取地形地貌、坡度、高程、水资源、土壤类型和道路交通六个评价因子，经过专家评分分级确定权重，具体数值为地形地貌0.5、坡度0.875、高程0.125、土壤类型0.08、水资源0.32、道路交通0.1。评价最终结果是一个各因素综合的结果，其等级区别与具体的生态、交通等情况有关。本书中共分为很适宜、适宜、一般适宜、不适宜、很不适宜五个等级（见表5－2）。

表5－2　人居环境适宜性统计

人居环境适宜等级	面积网格数（个）	面积（km^2）	面积所占比重（%）
很适宜	0	0	0
适宜	4853	48.53	25.2
一般适宜	10457	104.57	54.3
不适宜	2908	29.08	15.1
很不适宜	1040	10.40	5.4
总计	19258	192.58	100

在所有的斑块数中，以一般适宜状态所占面积最多，为104.57平

方公里，面积网格数为10457个，占总面积的54.3%，其次是适宜状态的面积，占总面积的25.2%，不适宜状态的面积占总面积的15.1%，很不适宜状态的面积占总面积的5.4%，很适宜的没有。单元的整体人居环境属于中上等，特别差和特别好的环境几乎没有。

人居环境适宜性评价的结果较为客观地反映了区域环境的现状及其区域人居的分布特点。很不适宜斑块集中分布于姜家河、小花沟和通深沟中游的沟坡沟谷地区，靠近泾河的河川阶地有少量分布，单元中的河川阶地和沟坡川道属于最不适宜居住的地方。北部山区与河川阶地地区内不适宜斑块、一般适宜斑块、适宜斑块交叉分布，斑块面积小、分布零散，根据景观生态学缀块面积原理（邬建国，2000），两地区均属于人居不适宜地区；塬面地区集中分布大面积的一般适宜斑块和适宜斑块，是单元人居最适宜地区。

表5-3 人居适宜性与村镇体系等级

<table>
<tr><th></th><th colspan="2">中心集镇</th><th>中心村</th><th>一般行政村</th><th>自然村</th><th>村镇数目</th></tr>
<tr><td rowspan="3">人居适宜区</td><td>塬面</td><td>—</td><td>堰塘、马家山、桥上、永丰</td><td>赵家、王家、罗家、和家山、上马山、李家、马岭</td><td>官道、赵家硷、王家堡、对坡、常家、北硷、半坡、陈家、平地庄</td><td>中心村4个，一般行政村7个，自然村9个</td></tr>
<tr><td>山区</td><td>—</td><td>—</td><td>中咀、暗门子、七里川、水沟口</td><td>东沟畔、耀贤、大草沟、小草沟、东槐、窑上、庙沟、席家村、半截沟、灰窝子</td><td>一般行政村4个，自然村10个</td></tr>
<tr><td>河川阶地</td><td>—</td><td>—</td><td>李木庄、火留、西坡、堡子</td><td>罗家沟、李木庄山、东湾里、南山、咀子河滩、岭上、埝里</td><td>一般行政村4个，自然村7个</td></tr>
<tr><td rowspan="2">人居一般适宜区</td><td>塬面</td><td>十里塬、马家镇</td><td>北城堡、梁家庄</td><td>三里塬、崔家、辛家、曹家、庄子、张家、蒙家、肖家、宁家、强家、德义、沟圈</td><td>蒲家、细咀、崔王、吴家、南曹、久建、上庄子、下庄子、白家、魏家、刘家堡、高硷、刘家咀、李家、杨家、宋家、拜家、东咀、张家坡</td><td>中心集镇2个，中心村2个，一般行政村12个，自然村19个</td></tr>
<tr><td>山区</td><td>—</td><td>—</td><td>—</td><td>南坪、斩断山</td><td>自然村2个</td></tr>
</table>

续表

		中心集镇	中心村	一般行政村	自然村	村镇数目
人居不适宜区	沟坡川道	—	—	罗家、高家、后哇	甘咀、仙家河、高家河、富家河、辛家坡、茨坪、咀子河滩、刘家河	一般行政村3个，自然村8个
	河川阶地	—	—	—	常家河	自然村1个
人居很不适宜区	沟坡川道	—	—	—	罗家河	自然村1个

在表5－3中，单元现有约86%的村镇居民点位于人居适宜区和一般适宜区，中心集镇和中心村全部位于人居适宜区和一般适宜区。村镇体系主体部分全部位于塬面斑块面积较大地区，但是85%以上村镇位于塬边，塬边是适宜或一般适宜斑块与不适宜或很不适宜斑块交界处，根据缀块边缘效应原理，塬边地区适宜性不稳定，村镇发展受到限制，具有一定的方向性，需要采取生态重构措施引导村镇发展（邬建国，2000）。

定量评价结果与定性评价结果得出结论基本一致，根据评价结果得出村镇单元各地形区村镇体系重构模型，结论如下。

1. 生态保护区——北部山区

该区域自然条件良好，但交通不便，村镇规模小，数量多，分布分散，耕地面积小，不适合村镇大规模发展。本地区建立以生态保护为主的生态保护区。

村落居民产业以林业和小型经济药材种植为主。

村镇重构方法：合村并村，原有村镇在这一地区适当迁并，降低整个区域村镇密度，迁并村落居民集中于几个自然生态条件较好、地势平坦的地区密集发展。

2. 村镇发展区——塬心

该区域自然条件较好，交通较发达，土地适耕性好，人居适宜度高，适于村镇成体系、成规模发展。本地区在生态条件允许的条件下大力发展村镇建设，改善人居环境和提高生活质量。

塬心地区地势平坦、土地优良，以稳步发展农业为基础，大力发展优势种植业——苹果，利用塬面村镇大规模集聚发展的优势，围绕苹果增加产业类型，形成生产种植、加工销售一体化的产业结构。

村镇重构方法：撤乡并镇、合村并村，塬心村镇系统较发达，作为整个塬面村镇体系发展的核心地区，需要进一步发挥塬心村镇优势。例如十里塬面积宽广，生态承载力大，村镇发展基础较好，可作为主要的村镇体系结构主体地区；半截塬面积窄长，生态承载力小，村镇规模小，发展潜力不大，可以作为村镇结构辅助地区发展。

3. 村镇限制发展区——塬边

该区域人居条件较好，但是与人居不适宜区紧邻，人居环境不稳定，宜采取措施引导村镇向塬面人居适宜度高的地区发展，避免向人居不适宜区恶性扩张。

由于历史生产力水平低下等，塬边分布大量的村镇，随着生产力水平提高，塬边村镇对生态环境的影响越来越大，村镇规模不宜盲目扩大，应根据具体情况限制发展。

塬边是沟坡与塬面接壤地区，居民生产、生活以塬面为主，产业结构与塬面构思相同，大力发展特色种植农业，优化产业结构。

村镇重构方法：村镇自身中心内移；村镇沿塬边区加强生态防护林栽植，防止水土流失；村镇人口用地规模压缩；村镇整体搬迁。

4. 生态治理区——沟坡川道、河川阶地

沟坡川道与河川阶地是河流生态主要维护地，沟坡的稳定和植被覆盖率关系到河床稳定性、河流廊道生物多样性以及河流生态系统的完整有效性。目前这些地区村镇数量少、规模小，分布极其分散，属于人居不适宜区，分散的人居活动严重影响了河流生态稳定性。鉴于此，沟坡川道与河川阶地应该以生态治理保护河流为主导，引导人居向塬面等人居综合发展地区迁移，保证人居与生态协调有序发展。

以生态治理为主，不开发经济型产业。

村镇重构方法：整体搬迁，可以就近迁入附近行政村或直接进入中心集镇。本单元村镇体系调整模型是根据人居适宜性评价结果得出的，从生态角度出发，提出重构概念，是村镇体系生态重构的前提和基础，下面结合村镇体系规划一般性的理论和方法，推断本村镇体系生态重构的措施。

第二节　村镇体系空间结构生态重构

一　村镇体系模式类型

村镇体系空间结构模式有集中模式、分散模式两种类型。根据中心集聚原理，集聚的空间发展模式有利于经济核心区形成。根据城镇体系发展的阶段性规律，工业化初期多属于集中模式，中后期多采用分散模式。集中模式的具体空间形式可以多种多样，主要有核心式、点轴式等（见图 5－1、图 5－2）。核心式发展中心位于区域中心地带，有多条发展轴线，一般规模较大，是适合于平原区村镇体系发展的模式。点轴式（赵民、陶小马，2001）一般有明确的发展节点，空间具有延伸性，布局灵活，适应性强。从点入手，优先开发轴线重点村镇，致力于区域线面系统整体发展，适用于中低经济水平的区域。

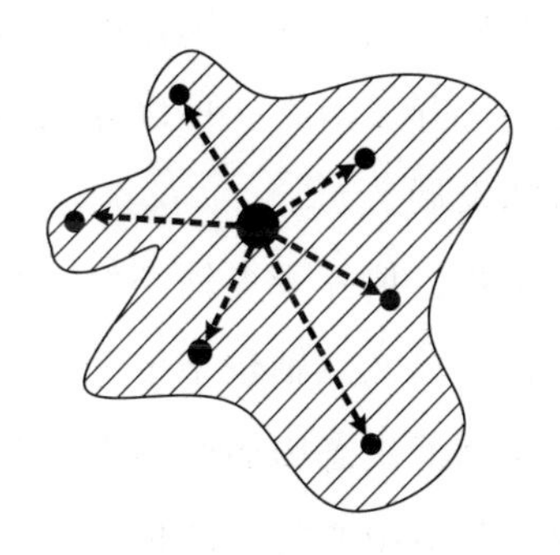

图 5－1　核心式

资料来源：笔者自绘。

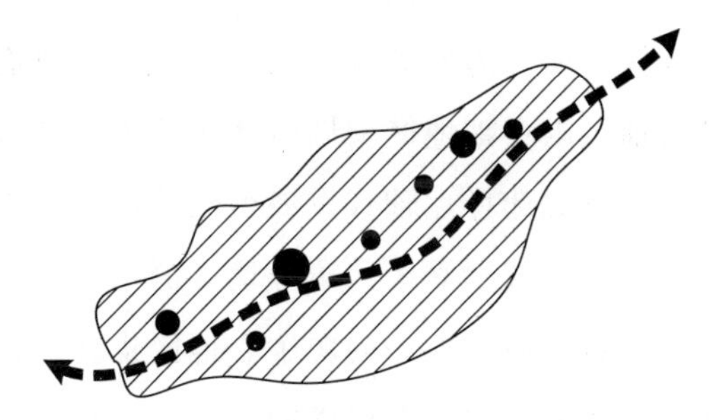

图 5－2　点轴式

资料来源：笔者自绘。

我国工业基础薄弱，目前处于工业化发展前期，根据城镇体系发展的阶段规律，集中发展有利于村镇成规模、成区域发展，由于需要发挥中心村镇带动作用，无论是城镇体系还是村镇体系都应选择集中发展的模式。

本村镇单元位于黄土高原沟壑区，经济落后、交通不便，村镇规模小，布局分散，根据中国现阶段城市化的过程中，积极发展小城镇以及集镇的建设的大政方针，采用集中模式，以中心集镇为依托，有效带动整个落后地区的发展，可以增强单元发展的整体有效性。

本单元总体上村镇布局分散，造成了生态环境破碎化和村镇规模小型化，村镇基础福利设施不完善，并且这种布局形式占地面积大，不利于村镇集约化生态发展。从景观生态学角度分析，村镇体系集中式发展，有利于村镇斑块大型化，有利于生态系统恢复和重建。

从各地形村镇体系空间布局现状特点来看，村镇主要集中分布于塬区和北部山区，塬区村镇点轴布局特点明显，是本村镇单元村镇体系主体；山区村镇分散布局，是村镇体系的附属部分。根据不同地形地貌制约下的村镇体系类型，应选择不同的发展模式进行发展。

通过以上要素分析，研究单元村镇体系发展应选择以塬面集中为主的发展模式，北部山区酌情分散。根据本村镇单元具体空间布局特点，选择点轴式发展模式。以各级中心村镇、特殊职能村镇等发展为节点，以线状基础设施包括交通、动力供应线、水源供应线为轴，具体以国道和县级交通线为发展轴，轴线附近区域具有较大开发潜力，可以称之为发展轴。以点轴地区发展带动村镇单元的整体发展。

本单元选择点轴式发展模式有以下三点优势：依托于点轴产生空间集聚效应，减少对单元边缘地区的生态压力，本单元点轴位于单元塬面中心，引导周边人居向塬中心地区集聚，从而降低生态脆弱区的人居密度，缓解人居与生态环境的矛盾；有利于发挥各级中心村镇的作用，各级村镇是村镇单元人居发展的核心，点轴模式重视各级中心村镇的发展，同时注重点线面结合，使村镇成体系有序发展；有利于单元经济活动成为有机整体。各地形区以中心村镇为中心，再通过交通轴线联系成一个有机整体，从而带动单元范围内经济发展。中心集镇的带动作用通过轴线延伸，顺应了区域的地貌特征（杜宁睿，1999）。

二 村镇体系中心确定

村镇单元是一个“三生”系统相互作用的系统，村镇人居系统是其中重要的系统分支。根据系统整体性、等级性等特性原理（邹海林、徐建培，2004），两个等级并列的中心集镇——十里塬和马家镇削弱了村镇单元的整体性，可以通过区分二者的重要性以及村镇性质和职能的方法，突出单元系统的中心。

从本单元所在地区中心集镇的历史变迁可以看出发展一个中心集镇的历史必然性，其变迁历经如下几个阶段。

1. 第一阶段：一个中心

据记载（明代～1953 年），十里塬地区在明代万历年间已经有明确建制，当时中心位于今梁家庄附近。

在中华人民共和国成立后 1953 年行政区划中（1953～1961 年），十里塬乡第一次成为十里塬地区的中心地，地区中心地由梁家庄转移到十里塬。

2. 第二阶段：三个中心（1961～2002 年）

1961 年，马家镇、十里塬和北城堡并列为三个公社，形成三个中心。

3. 第三阶段：两个中心（2002 年至今）

2002 年撤乡并镇，将北城堡并入十里塬，本地区形成十里塬和马家镇两个中心，延续至今。

可见历史较长一段时期内，本村镇单元地区只有一个中心，如今恢复一个中心具有历史合理性。

根据研究单元内村镇建设发展现状分析，十里塬、马家镇综合经济基础较好，地理位置适中，直线距离 1.5 公里，基础设施较完备，是现阶段本单元的行政、经济和文化中心。具备成为整个单元村镇中心的基础条件，下面具体分析比较两村镇作为村镇体系中心镇的可能性。

表 5－4　马家镇与十里塬对照

	马家镇	十里塬
历史沿革	历史称马家村，1958 年属超美人民公社（公社驻地十里塬街），1959 年属于十里塬公社马家管区。1961 年成立马家公社，1984 年政社分离更名为马家乡。1987 年三旬公路开通，迅速发展成为中心集镇，2002 年更名为马家镇	明代已有，延续发展成为自然集镇。1953 年成为中心集镇，1958 年组建为超美人民公社，辖今马家镇、十里塬和北城堡。1961 年重新组建为十里塬人民公社，1984 年政社分离称为十里塬乡，一直延续至今
位置	十里塬南部中心，紧邻国道	十里塬中部中心，县道穿越，与单元南北村镇距离相当
人口规模	1945 人	1285 人
镇区用地规模	0.5 平方公里	1.0 平方公里
人均住房面积	12 平方米	13 平方米
与县城距离	12 公里	13.5 公里
交通道路	国道、县道、村道	县道、村道
人均纯收入	1810 元	1785 元
水	自来水	自来水
电	通电	通电
市场集市	建有 1 所综合市场和沿街集市，全天集，辐射范围大，十里塬南部和北部居民都到此地赶集	自然集市 沿街临时集市，一般持续 2～3 小时；辐射范围小，一般十里塬北部居民到此赶集
中学	1 所	1 所
中学生数量	1167 人	947 人
中学老师数量	150 人	120 人
小学	1 所	1 所
卫生院	1 所	1 所
企业	苹果套袋厂	无
银行信用社	1 家	2 家

资料来源：根据淳化县人民政府的乡、建制镇基本情况统计资料所得。

由表 5－4 可以看出以下方面。

1. 十里塬特点

历史上即作为本地区的中心集镇，且形成自然镇，历史优势明显。

位于十里塬塬面中心，也是整个村镇单元的中心，具有显著的地理优势。

距离南部国道2公里，交通相对马家镇不便。

2. 马家镇特点

国道穿越镇区，交通便利，带动地区经济发展的动力机制大。

集市贸易发达，有完备的市场储藏、运输和经营体系，优于十里塬的自然集（见图5－3）。

图5－3　马家镇商业街集市

资料来源：笔者自拍。

镇区人口规模较大，为村镇进一步完善职能提供充足的剩余劳动力。

本村镇单元属于经济欠发达地区，且由于地形地貌限制，单元村镇体系表现出内向性特征，其经济发展的动力是外部市场的需求，所以便利交通是较重要的经济发展条件，但是单元对外交通渠道少，整体水平低下。马家镇位于主要对外交通线上，具有必然优势。

另外，十里塬与马家镇距离较近，直线距离只有1.5公里，步行15分钟，驱车5分钟。可根据县现状，将马家镇镇区中心置于国道北侧，引导马家镇向北侧十里塬方向发展，在两地之间沿公路形成新的村镇发展带，加强两地联系，形成一个强有力的中心发展核，既有利于发挥马家镇的交通优势，又有利于发挥十里塬的地理中心优势。所以在现阶段选择马家镇成为整个村镇单元的中心。

第三节　村镇体系等级结构生态重构

就村镇个体而言，村镇规模的大小应根据可持续发展的需要与可能随经济社会发展而合理扩展；就村镇体系而言，村镇规模是一系列规模等级，各规模等级代表不同的村镇发展阶段和职能，各规模大小和所占比例与区域的经济发展水平、自然承载量等条件有关。

一　影响村镇体系规模等级主要因素

（一）地区经济水平

根据国家有关规定：区域小城镇农村经济镇均年总收入在0.5亿元以下或镇均财政收入在500万元以下，人均国内生产总值（GDP）在0.4万元以下或人均年纯收入在4000元以下，第三产业占GDP比重在27%以下，城镇人口比重在40%以下，市政公用设施投资率在3%以下的地区属于经济欠发达地区（中国城市规划设计研究院，2002）。

不同的经济区，根据实际调查情况分析，国家制定了村镇体系规模指标，作为村镇规划建设的参考指标。经济欠发达地区村镇体系规模标准如表5－5所示。

表5－5　经济欠发达地区村镇体系规模指标

村镇类型	中心集镇 人口数量（人）	一般集镇 人口数量（人）	中心村 人口数量（人）	基层村 人口数量（人）
大型	>30000	>10000	>3000	>500
中型	10000～30000	3000～10000	500～3000	100～500
小型	<10000	<3000	<500	<100

本单元村镇平均规模：镇均财政收入111.27万元，人均年纯收入1798元，第三产业所占比重小于10%，城镇人口比重只有10%。鉴于以上各指标均低于国家规定标准，本村镇单元属于中国西部经济欠发达地区。本单元村镇体系规模如表5－6所示。

表5－6　本单元村镇体系规模

	中心集镇	中心村	一般行政村	自然村
村镇数量（个）	2	6	28	71
村镇平均规模（人）	1575	1180	550	114

与表5-5所示经济欠发达地区村镇体系规模指标相比较，本单元村镇规模整体偏小，最高等级村镇相当于经济欠发达地区中型村镇体系规模的一般集镇；本单元中心集镇规模在体系中明显偏小，村镇体系规模重构需要扩大中心集镇人口规模；一般行政村和自然村共有99个，中心集镇与中心村共有8个，村镇体系低等级村镇数量过多，体系层次结构臃肿。村镇体系等级层次结构生态重构势在必行。

（二）城镇带动农村最佳规模

中国城镇化的过程是发展小城镇的过程，小城镇是联系城市和广大农村的纽带。集镇属于最低等级的小城镇。在本村镇单元内优先发展中心集镇，带动整个单元的社会经济发展具有现实意义。城镇带动农村的最佳规模表明，当城镇人口达到1万人时具有初步带动力，达到2万人时带动力明显，达到5万人时带动力最大。根据上述数字，本村镇单元中心集镇——马家镇人口规模达到1万人，将对人口总体规模只有3万余人的村镇单元的整体村镇发展具有明显的带动作用。具体村镇单元村镇体系规模等级需要研究范围内村镇整体协调。

（三）地区生态承载力

人类的可持续发展必须建立在生态系统完整、资源持续供给和环境长期有容纳量的基础之上，人类的活动也因而必须限制在生态系统的弹性范围之内。换句话说，人类的活动不应超越生态系统的承载限值。生态承载力指生态系统的自我维持、自我调节能力，资源与环境子系统的供应能力及其可维育的社会经济活动强度和具有一定生活水平的人口数量。

村镇单元整体具有一定地区生态承载力，由于地形地貌区、水文、土壤等自然条件的限制，各地貌区生态承载力存在一定差异，决定了各地貌区村镇体系人口规模等级必然是不均衡的。根据村镇单元人居环境适宜性评价结果判断：塬面生态承载力大，村镇规模等级高；山区与河川阶地生态承载力次之，村镇规模稍小；沟坡川道生态承载力最低，不宜村镇人居发展。

二 单元村镇体系等级结构生态重构

村镇体系规模应该是在上述条件约束下的一系列村镇规模等级范围，由此规模反映村镇今后发展方向。由于村镇单元人口基数较小，人口自然增长率与每年迁出人口率基本保持平衡，这里假设村镇单元总人口规模为不变量。首先确定中心集镇数量和规模，然后确定中心村数量规模，制定村镇体系规模方案。如表 5－7 所示。

表 5－7 村镇等级范围

村镇等级	中心集镇	中心村	基层村
规模范围（人）	3000～10000	500～3000	100～500
备注	将中心集镇发展成小城镇，规模达到 1 万人，以小城镇带动广大农村。人口来源于合并的自然村	单元地形区中心，具有中心小学教育功能	原来一般行政村和较大自然村成为基层村

具体重构方案需要与人居环境适宜性评价等条件相结合。根据表 5－7可以得出如图 5－4 所示单元村镇体系等级结构，重构后的村镇等级包括中心集镇、中心村和基层村三级。原有自然村和一般行政村合并为基层村，原有规模较小以及位于人居环境不适宜、最不适宜地区的村镇根据具体情况予以迁并。

第四节 单元村镇体系产业结构生态重构

本村镇单元属于黄土高原沟壑区，人口密度低，人均占有资源量大，如何将资源优势转化为经济优势、发展特色经济与发挥优势产业的作用，其首要着力点还须放在农业上。根据本村镇单元的自然因素和资源条件，从现有基础出发，结合生态环境建设的要求、选择具有突出优势的资源进行综合开发利用，带动社会经济的全面振兴，以求从根本上改善研究单元农林草牧产业结构，提高资源利用率和产品附加值，实现生态环境改善、地方经济发展、人民生活水平提高的目的。

塬区积极发展特色农业经济，如绿色果蔬、中药等种植，增加农民单位面积的经济收入。在交通方便的塬区村镇发展农产品精深加工，通过加工增值。山区林业与渔业相结合发展，兼顾生态效益和经济产业合理发展。北部山地刺槐、油松水土保持和水源涵养林区，为森林资源集中区。区内水量丰沛，山高坡缓，四季多风，植被属暖温带落叶阔叶林带，尚存天然次生林。此地区产业应以林业为主，可考虑发展渔业和旅游业。黄土高原沟壑区的独特地貌、黄土高原中的绿洲以及传统的生产和生活方式，都能成为旅游发展的契机，为黄土高原旅游做好交通以及基础设施的准备，发展生态乡村旅游，不但能增加农民经济收入，而且能够带动其他行业发展。

第五节　本单元村镇体系生态重构方案

根据以上各项生态重构原则，对“姜家河＋十里塬＋通深沟”村镇单元进行村镇体系生态重构，使其形成新的村镇体系空间结构、等级结构和产业结构，综合改善本单元村镇人居环境，改善人民生活条件。

具体重构措施将以村镇单元人居环境适宜性评价结果、村镇体系等级结构生态重构结果、村镇体系空间结构生态重构结果和村镇体系产业结构生态重构结果为基础进行。保证体系重构与单元生态环境适宜性评价结果相结合，针对不同地形区适宜性情况采取不同的重构方案。具体情况具体分析，在同一地形发展区，各村镇规模、位置和发展趋势不同，应根据具体情况，做到区域内具体重构措施具有村镇针对性。体系重构与分期建设相结合，由易到难操作，增加重构措施的实际可实施性。

重构方案如表 5 - 8、图 5 - 4 所示。

表 5 - 8　村镇体系生态重构

	中心集镇	中心村		基层村		
村镇数量（个）	1	7		25		
村镇平均规模（人）	10000	1500		490		
村镇名称	马家镇	十里塬、马家山、永丰	梁家庄、北城堡、桥上、塭塘	德义、强家	上马山、赵家、三里塬、崔家、和家山、宁家、蒙家、沟圈、李家、火留、李木庄、堡子、西坡、马岭、曹村、辛家、高家、肖家、庄子	中咀、暗门子、七里川、水沟口
村镇发展区位	塬面	塬面	塬边	塬面	塬边	山区
	村镇发展区	村镇发展区	村镇限制发展区	村镇发展区	村镇限制发展区	生态保护区

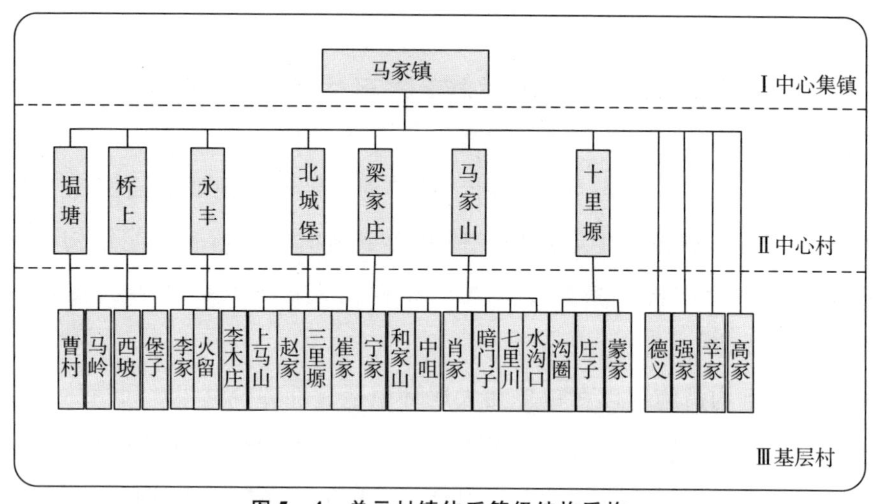

图 5 - 4　单元村镇体系等级结构重构

资料来源：笔者自绘。

由表 5 - 8 可以看出，新的村镇体系分为中心集镇、中心村、基层村三个等级，以马家镇为中心，村镇体系整体性和层次性都得到了改善。

村镇体系生态重构综合调整措施如下。

北部山区生态保护区重构

村镇等级空间调整中，山区北部七里川、水沟口、暗门子所属12自然村就近迁入行政村；七里川、水沟口、暗门子三个行政村原地发展，人口规模限制在500人以内。山区南部和单元南部河川阶地自然村全部迁入中心集镇。产业结构调整以林业为基础，发展渔业和小规模药材种植。基础设施调整方面，加强本区村落与单元中心地区交通联系，水电设施可以考虑以村为单位的小规模供应。

塬心村镇发展区重构

村镇等级空间调整中，自然村就近迁入高一层次村镇；一般行政村保留，规模基本不变，少部分村镇由于生态发展需要迁并。具体如下：强家与马家镇距离邻近，直接并入马家镇。肖家和张家位于十里塬塬面最狭窄处，距离较近，合并，逐渐向中心邻镇迁移。中心村位置分布比较合理，予以保留，根据各村镇现状规模，适当调整村镇自身规模。中心集镇马家镇作为整个村镇单元的中心，规模在相当长一段时期内不断扩大，应严格控制其村镇用地建设、产业结构优化、镇职能定位、镇内空间结构紧凑合理。十里塬作为新的中心村发展，其职能和性质与中心镇马家镇适当区分。

产业结构调整中，完善中心集镇——马家镇的产业职能，使其成为村镇单元行政、经济、文化中心，大力发展二、三产业。村镇建设规划符合村镇发展要求。根据各中心村所处位置，历史产业基础，定位今后重点发展产业，适当区分重点产业，加强中心村之间的产业互补性。具体如下：马家山靠近北部山区，发展林业、核桃种植；北城堡处于半截塬中心，产业以粮食种植为主；十里塬、塭塘以苹果种植为主；永丰以苹果种植、销售为主，利用交通便利优势，发展商业、苹果销售等交通附属产业。

基础设施调整中，加大中心集镇马家镇的水、电、网、通信等基础设施建设力度，加大投资比例。完善塬面中心村基础设施，尤其是道路交通建设，加强中心集镇与中心村的联系。

河川阶地后哇村、罗家村和西坡村，属于生态治理区，村镇现状规模较小，交通不便，应直接迁移到中心集镇。

塬边村镇限制发展区重构

村镇等级空间调整中，自然村全部就近合并入行政村，降低塬边村镇分布密度，减少塬边村镇建设用地面积，整合塬边村镇用地。行政村基本保留，接受附近自然村迁并人口，加强与塬面发展区村镇联系，依地理区位自然发展；采取措施引导村镇中心向塬面中心移动。塬边中心村数量较少，包括梁家庄、堰塘、桥上三村，保留，人口规模根据人口自然流动规律自然调整，限制大范围开发。整合村镇空间结构，村镇中心向塬面中心移动。

产业调整方面，以原农业产业基础为前提，发展中心村的特色种植产业，如梁家庄距离马家镇较近，具有区位优势，积极发展种植和销售；堰塘是十里塬地区开发较早的苹果基地，具有良好的苹果培育技术基础，继续发展种植；桥上距离永丰和马家镇，具有优越的交通和地理条件，也发展苹果种植和销售。加强沟坡护林、水土保持工作，在沟坡种植人工林，发展生态保护产业。

基础设施调整方面，以道路交通的引导性铺设引导村镇发展方向。

沟坡川道、河川阶地生态治理区重构

村镇等级空间调整中，自然村全部迁入中心集镇，或根据村民意愿就近迁入塬面或塬边较大的村镇。南部河川阶地两行政村——罗家和后哇位于生态不适宜区，迁入中心集镇。位于沟坡川道的仙家河、高家河属于跨河发展村落，为了村落的完整性，可以打破村镇单元的界限，灵活处理，河流两侧居民就近搬迁。

产业调整方面，原来此地区以自给自足的农业种植为主，耕地和人类活动的负面生态影响大于人类生存所取得的效益，本地区以生态治理为主，开展大规模水土保持植林护坡工程，不开发经济型产业和农业。

基础设施调整方面，由于此地区作为村镇单元与外界环境的分界区，村镇体统与外界联系主要通道——道路交通系统穿过本区，由于地形限制道路修建难度大，注意道路养护，在经济条件允许情况下增加道路数量，加大单元与外界联系强度。

根据以上具体调整措施，研究单元将形成新的村镇体系结构，村镇等级结构明确，重点突出，发展趋势显著，再结合新的产业布局发展，综合改善本研究单元村镇人居环境，改善人民生活条件。

第六章
“姜家河＋十里塬＋通深沟”单元村镇空间结构生态重构

第一节　村镇空间结构现状

一　村镇建筑形式类型

在本书研究单元范围内，主要包括窑居型、房居型和混合型三种村镇建筑形态类型。介绍如下。

窑居型

村镇建筑以窑洞建筑为主，主要包括半明窑和地坑窑两种具体形式。

半明窑是借陡坡侧壁挖掘或砌箍。优点是省材料、投资少、冬暖夏凉，但遇阴雨过多潮湿、易倒、不安全，为防止塌方窑正上方不种树、不耕地，占地较大。

地坑窑是平地掘一约400平方米竖坑，深6～7米，然后在地坑一面挖斜坡隧道通地面，作为出入门户，坑的其余三个崖面挖窑洞作为居室、厨房及畜圈，投资少、节约能源，但是阴暗潮湿，排水不畅，通风、采光差，而且占地面积最大，一个普通窑院占地约866.7平方米，同样普通地上砖瓦房院落只需要约200平方米就可以建成（张复合，

2000）。

本单元所在的淳化县以地坑院窑洞居住为主，1981年，全县窑洞人均0.65孔，占地户均933.3平方米，造成土地资源严重浪费。

房居型

地面建筑房屋称为“房”，包括平房和楼房，民居形式以地面房屋为主的村镇被称为房居型村镇。在本书研究单元内，房居型的地面建筑主要是平房。

混合型

民居形式既包括窑洞建筑又包括地面房屋，且地面房屋达到一定比例的村镇被称为混合型村镇，一般规模都较大。

20世纪80年代起，黄土高原地区经济发展，形成农村建房热，原来窑居型村落平房、楼房逐渐增多，形成了混合分布的新的村镇类型。

窑居型数量最多，占总数的86%，分布最广，在所有地形区内都有分布，村镇规模也大小各异；房居型数量最少，占总数的6%，集中分布在深山区河流上游沟谷较狭窄的地段，村落规模较小，独户至几十户不等，例如水沟口和暗门子；混合型村镇数量较少，占总数的8%，规模较大，一般是经济发展较好或者是区域行政中心，主要分布在塬面中心，有的则依托于交通便利处如国道或塬与塬之间的主要道路附近，形成大型交通性村镇节点。

单元内以传统窑居型村镇为主，表明村镇城镇化水平较低，农村经济水平较低。传统窑居型村镇的生态改造迫在眉睫。

二 村镇空间结构类型

黄土高原沟壑区村镇结构类型与村镇分布位置和村镇规模有密切关系，根据现有形态主要分为点状、条状和面状村镇。点状和条状村镇规模都较小，一般分布于山区、塬边、沟坡川道和河川阶地地区，面状村镇规模较大，分布于塬面中心或塬边（见表6－1）。

表 6－1　单元村镇结构类型

<table>
<tr><th>点状村镇</th><th colspan="2">条状村镇</th><th colspan="2">面状村镇</th></tr>
<tr><td rowspan="3"></td><td rowspan="2">曲线形</td><td rowspan="2"></td><td>不规则片状</td><td>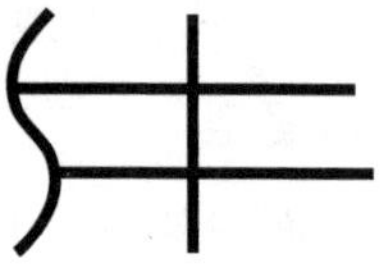</td></tr>
<tr><td>团状</td><td>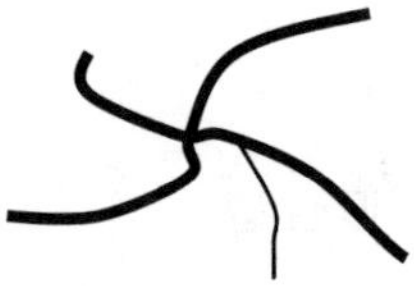</td></tr>
<tr><td>直线形</td><td>
</td><td>规则片状</td><td>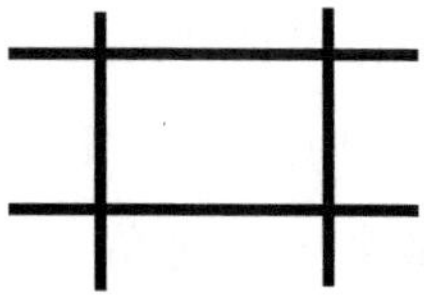</td></tr>
</table>

资料来源：十里塬、马家镇地形图。

三　各类型村镇现状及特点综述

村镇结构类型与村镇规模的关系如表 6－2 所示。

表 6－2　村镇结构类型与村镇规模的关系

村镇结构类型	村镇建筑形式类型	村镇总数（个）	所占比例（%）	典型村镇
点状村镇	窑居型	52	48.6	大草沟、小草沟、罗家河
	房居型	3	2.8	席家村
曲线形条状村镇	窑居型	21	19.6	仙家河、上马山
	房居型	2	1.9	暗门子、庙沟
直线形条状村镇	窑居型	8	7.5	官道、高硷
不规则片状村镇	混合型	4	3.7	梁家庄、北城堡
	窑居型	6	5.6	赵家
团状村镇	混合型	4	3.7	马家山、火留

续表

村镇结构类型	村镇建筑形式类型	村镇总数（个）	所占比例（%）	典型村镇
规则片状村镇	混合型	4	3.7	十里塬、马家镇、永丰、
	窑居型	3	2.8	德义、强家

资料来源：笔者自制。

点状村镇

在本研究单元中，点状村镇主要分布于山区、南部河川阶地，规模为一户至十几户不等。建筑形式窑居型和房居型都有，根据本村镇体系生态重构定位，点状村镇应整体搬迁至中心集镇，或者就近合并入较大的一般行政村，不存在就地发展问题，这里不多赘述。

条状村镇

条状村镇又分为曲线形条状村镇和直线形条状村镇，曲线形条状村镇主要分布于塬边和沟坡川道处，塬边由于自然侵蚀边缘破碎不规则，一般依地形建靠崖窑洞，形成条状村落，如仙家河村；沟坡川道相对宽阔，房屋沿河流曲线形延伸，有的规模较大，属于房居型村落，如暗门子。直线形条状村镇一般沿公路形成，在塬面道路网逐渐完善的过程中，村镇也在不断扩张，沟坡等地居民搬迁至塬面，一部分人则选择沿公路建设新居，形成了直线形条状村镇，建筑形式以窑居型为多。根据村镇体系生态重构原则，此类型村镇沟坡窑居需整体搬迁，山地房居需要作为新的行政村中心继续发展，直线形发展的余地更大，下面将分类型探讨其发展的可能性。

条状村镇由于建筑形式、分布位置以及自身规模的因素限制，现状村落形态表现为一系列个性化特征，主要反映为分散化和空废化的特征。

分散化：沟坡川道的曲线形条状村镇，早期由于靠近溪水，人畜取水方便而建于此，近年来机械打井、机械抽水的发展，使得这种单纯依靠溪水的村镇格局发生变化，导致部分居民向塬面以及更高处的沟壑平台迁移，导致村落由条状格局向立体分散化格局转化，使村落形态更趋分散混乱。塬面部分直线形窑居村自发地靠近道路建设，缺乏政府统一规划，建筑间距大小不一，随意建设，导致村落分散化。

空废化：村落原有居民自发搬迁导致原有居住建筑空废，包括窑洞和地上房屋。分布于山区和沟坡川道的条状村镇交通闭塞、经济落后、生态环境极其脆弱，从提高自身生活水平角度考虑，人们有自发搬迁的意愿，根据实际情况，搬迁程度有所不同，有的以家庭为单位搬迁，有的以邻里为单位有组织搬迁，有的则因为生态适宜性和村镇体系重构需要，形成自然村整体搬迁，原来老村落出现大量空废现象。

面状村镇

在土地适宜地区，条状村镇继续发展扩张成为面状村镇，据道路形式不同可分为不规则片状村镇、团状村镇和规则片状村镇，这些村庄规模一般较大，建筑形式以地坑窑为主，随着村镇经济发展，窑院逐渐退化，向房居宅院转化。其中不规则片状村镇一般位于塬边，依托塬边曲线形条状村镇，向塬面发展，形成了直曲结合的道路网络，村镇规模可达到几千人，如梁家庄。团状村镇规模较大，道路网不规则，一般位于地势有一定起伏的村镇发达地区，如北部与山区交界的马家山。规则片状村镇道路呈“井”字网格，形态规整，人口规模较大，一般位于塬面中心，这种结构类型的村镇结构比较完善，易于发展扩大规模，是典型的中国传统村镇结构类型，如十里塬和德义、永丰都属于这种类型。面状村镇规模较大，在村镇体系生态重构中占有重要地位，有的需要进一步发展，发挥中心集镇的作用，有的则因为地缘和生态因素需要限制发展，下面将就这两种类型着重阐述村镇生态规划的方法。

面状村镇与条状村镇处于村镇发展转型时期，出现基本相同的分散化和空废化现象，由于面状村镇一般规模较大，问题也更加复杂。目前村镇建设处于转型过渡时期，空废、分散、混乱是主要特征。

分散化：面状村镇建筑形式以地坑窑为主，地坑窑自身占地面积大，造成村落邻里结构松散；地形不规则也造成分散化，塬边面状村镇靠崖窑沿地形边缘布局，与规则路网之间形成一定间距空隙，使整体分散，另外团状村镇位于地形起伏的丘陵地区，路网不规则，窑洞建筑与路网不能像地面建筑那样灵活，形成了以路网与窑洞之间的大量空间空白，田地与居住建筑交错，村镇生活区与生产区混杂，村镇呈现了原始的分散化形态。位于重要交通道路旁的面状村镇，交通对于居民生活条件改善的吸引力，使居民自发沿道路建新居，但是建设形态散乱，造成村镇整体格局沿道路向外延伸，不能集中成片发展，这也是分散化的一个表现。

空废化：20 世纪 80 年代开始出现建房热，大型地坑窑院村落向房居型村落转型，出现规模较大的混合型面状村镇。面状村镇空间形态目前出现两种，一种是废弃原有的窑居老住区，异地建设新的房居住区，原地坑院除个别复垦外，大部分荒废至今；另一种是在原有地坑窑形态格局不变情况下，在窑址边开阔处建设永久性新房居宅院，然后填埋地坑窑，致使面状村镇空间形态呈现独户院落随机散落的格局，其实空废化从其效果来看，加重了村镇分散化的程度。

造成空废的原因有：原有窑居年久失修，通风、采光条件差，经济条件允许的情况下，另建新宅造成老宅废弃；新型交通吸引；地区经济不发达，大量劳动力进入大城市务工，家乡老宅只剩下老人居住。

由此可见，分散化是现在村镇发展普遍存在的问题，表现为空废、无序和混乱，是村镇生态发展的巨大障碍，运用建筑规划方法是解决村镇分散化问题的关键。

第二节 村镇空间结构基本模式建构

点状村镇结构比较简单，根据村镇体系生态重构方案，点状村镇属于规模最小自然村，多需迁并，基本不鼓励发展，所以本书将从分散化的角度重点研究条状村镇和面状村镇的空间结构形态，得出现状基本发展模型，再通过分析研究得出村镇理想发展模型，以建立模型的方法解决问题。遇到实际问题，可以根据实际情况灵活运用模型基本方法因地制宜地解决。

条状村镇

根据村落所处位置，以过境路或者村级路为空间骨架，一般没有明确的村落中心，稍大的以服务业为中心，以散落的老邻里为村落基本聚居单位，农业生产用地布置在周围或一侧，构成条状村镇简单的村落生活系统与农业生产系统结构。绿化系统以宅院绿化为基本形式（见图6－1）。

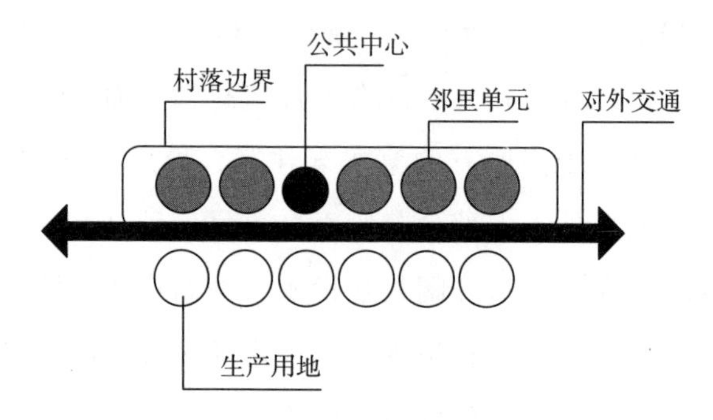

图6－1　条状村镇空间结构模式

资料来源：笔者自绘。

典型村落分析（见图6－2）。

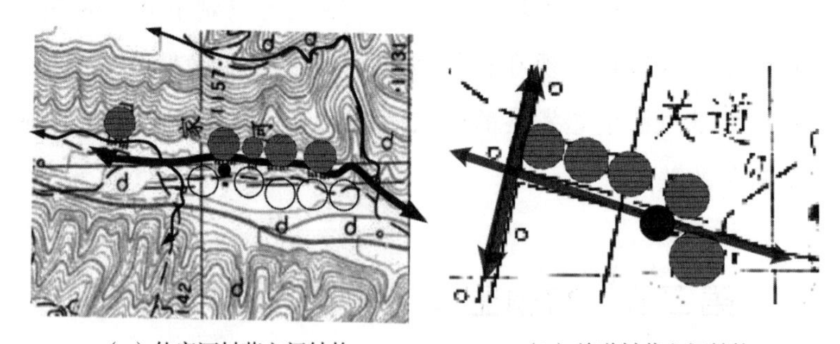

（a）仙家河村落空间结构　　（b）关道村落空间结构

图6－2　条状村镇空间结构典型村落分析

资料来源：笔者自绘。

仙家河位于姜家河下游川道，人口为36人，靠崖窑洞沿村级路线形布置，窑洞建筑间距不等，没有公共建筑。近年由于人口向塬面搬迁，村落规模逐渐缩小，原有窑洞弃之不用。

官道位于半截塬北端，地坑窑院沿东西向乡级路一侧布置，路两端分别连接南北向县级路和乡级路，没有明确公共中心。

面状村镇

面状村镇一般以过境交通和对外交通主干道为空间骨架，以行政单位、学校、商业、服务业等公共建筑与交通骨架的交点为中心区，以各老邻里单位组成的松散宅居为老邻里单位散落布局于中心区周围，以沿交通干道形成的相对紧密的新邻里单元为村镇延伸轴线，在松散邻里之间散落小面积农业生产用地，外围布置大面积农业生产用地，从而建立了村镇建筑生活系统与农业生产系统的结构关系。现有村镇内部绿化系统主要由宅院（窑院）内部和周边树木绿化及带状道路绿化组成。如图6－3 所示。

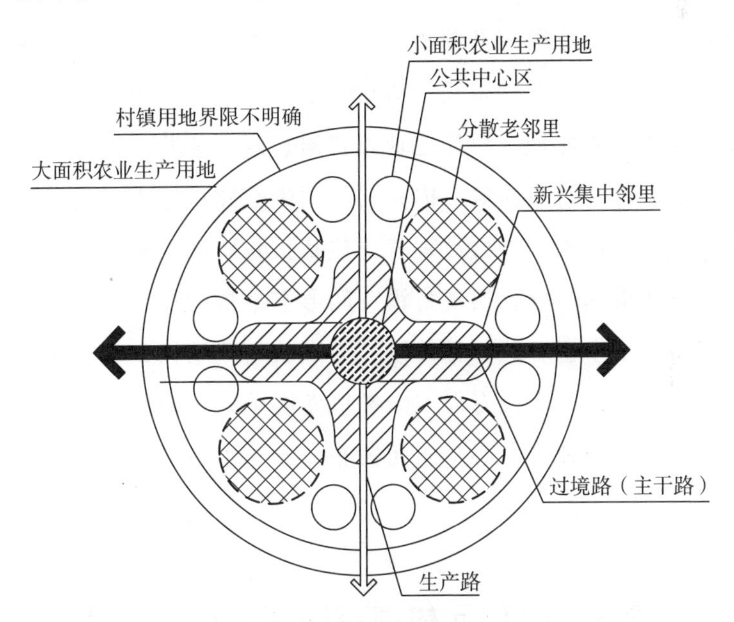

图 6－3　面状村镇空间结构模式

资料来源：笔者自绘。

典型村镇分析如下。

十里塬是以南北县级过境路以及东西村镇主干道组成的典型“十”字形空间结构，公共建筑集中于十字路口形成公共中心区，主要有粮站、供销社、邮电所、工商和农业银行营业所、医院、畜牧兽医站、收购站、中学、中心小学、文化站、照相、理发、电器修理、食堂及乡政府机关单位等行政企事业单位和个体门面近30个。靠近中心已经形成了比较成熟紧密的新邻里居住单元，建筑以地面建筑为主，十字路四个端点明显分布四个旧邻里单元，布局松散，空废现象严重，以地坑窑院为主。旧邻里单元与农业生产区域界限不分明。

马家镇位于十里塬中部，原来只有一条东西向主干道的“十”字形结构，20世纪80年代三（原）—旬（邑）国道穿过镇境南部，形成了有两横一纵的村镇结构形态。目前村镇公共建筑沿国道两侧布局，形成新的村镇公共中心带，南北向路则是新的邻里聚居区，村镇形态明显呈“十”字线形发展，“十”字中间区域散乱分布地坑窑院。

梁家庄位于十里塬南部塬边，道路系统相对复杂，现状形成一个公共中心和三条新邻里发展轴线，新建邻里以房居宅院为主，原有老邻里地坑院空废或者在原址新建住宅现象普遍，西部和北部沟边靠崖窑院基本废弃，恰恰符合村镇向塬区内移的村镇生态建设原则。由于交通线和村镇区位吸引力的影响，村镇现状呈枝状扩张状态，整体性和集约性不强，需要整体重构引导，实现村镇空间形态结构的良性建设。

马家山位于十里塬北部丘陵区，为团状道路结构，现状为公共中心区位于村镇一侧，基本没有形成新邻里发展单元，老单元整体散乱，小范围以小片农业用地为中心呈组团式布局，与中南部塬区的片状村镇空间结构不同。

第三节　单元村镇空间形态存在问题

黄土高原沟壑区村镇空间形态的发展现状存在一系列特征，与村镇发展的趋势有关，村镇发展是社会发展的需求，是黄土高原沟壑区发展的一个阶段，但是当前社会并没有及时适宜本地区的村镇规划方法，导致本地区村镇在缺乏引导状态下无序发展，造成了黄土高原沟壑区老村空废化、新村分散化、整体混乱化、趋向交通线发展等共同主要特征，同时带来了如下诸多重要的社会、经济和环境问题。

土地资源浪费

窑居型村镇人均占地面积大，说明窑洞式建筑本身占地面积大，建筑间距大，导致村镇布局不紧凑，村镇集约化程度降低；大量废弃窑居宅院的宅基地，新宅继续占用耕地，造成土地浪费。

空间分散混乱

村镇自发建设发展，缺乏规划引导，没有明确的功能分区、道路交通，造成空间形态散乱，带来一系列社会问题，如村民交往不便问题、信息不通问题、社会安全问题、小学生上学不便问题和集体活动难以举行等问题。

生态环境恶化与地区景观特色缺失

土地是自然生态系统的重要组成部分，也是许多生态要素的载体，如植被、微生物等，土地荒废直接破坏了住区生态环境；另外地区建筑特色的衰落，传统窑居依托黄土高原的资源环境自发建设，现在所进行的村镇发展建设一般都生搬硬套平原地区砖石建筑形式，严重危及地区景观特色的延续。

村镇现代化进程缓慢

村镇布局分散混乱，不利于水、暖、电、燃气、通信等基础设施完善。

村镇可持续发展受到威胁

村镇空间结构现阶段呈现分散化、混乱化特征，与村镇体系生态重构的村镇集约发展方式相背离，影响村镇规划可持续性发展。

究其原因，主要是社会经济因素和环境因素造成的。

社会经济因素体现在农村人口流动性增强，外界意识流冲击，导致村镇格局的变化速度加快，但是当前的村镇规划研究并没能跟上农村变化的速度，出现大量无序建筑活动，严重破坏了村镇原有格局；农业生产力提高，经济来源由封闭走向开放，农民对土地的依赖性减弱，奠定了村镇向现代化发展的基础。

环境因素主要体现在以下方面。

首先，村镇区位对村镇内部空间结构的影响。

村镇在单元中具有一定规模等级职能，在现状发展中可能出于自发小而全的个体模式发展，但是在研究单元整体村镇体系规划中有了明确定位，即明确了村镇空间结构及经济发展方向。

其次，交通条件的影响。

各级交通线对于村镇空间形态影响巨大，沿线交通方便、地段繁华，具有发展商业等经济潜力，吸引了大量住户，形成建筑沿交通线布局的普遍现象。但是沿路建房具有一定不利因素，如安全性低、交通容易堵塞、路边建筑容易对道路造成破坏等，所以村镇空间形态的重构应充分考虑交通影响，合理引导村镇建设，利用交通沿线正效应，尽量回避其负效应。

再次，基于生态区位的生态环境影响。

从生态角度，对于单元整体人居环境适宜性进行评价，作为村镇体系生态重构的依据，在村镇空间形态生态重构的过程中村镇周边的生态环境对于村镇基本规划影响重大。

第一，地形地貌直接影响村镇用地范围。

第二，水源则影响村镇中心布局方式，在黄土高原地区严重缺水，村镇选址水源是重要的决定因素，现在出现深井打水技术，减弱了村镇对于水源的依赖，但是其重要性仍不容忽视。

第三，外部生态环境直接关系到内部人工生态维护系统的形态，两者互相联系、互相融合，创造出村镇生态景观空间形态。

最后，基础设施建设影响村镇空间形态布局。

基础设施是村镇区位、交通和自然生态环境综合作用的结果，基础设施影响到村镇公共中心布局、规模，人民生产、生活质量，甚至能引导外来经济发展项目投资方向，对村镇空间布局多样化和规模具有巨大影响。

第四节 村镇空间结构的生态重构

条状村镇空间结构重构措施（见图6－4）

沿道路继续延长建设新的邻里单元，公共中心适当分为两个部分。这种方式适于山区川道等地形限制较大、缺少大面积的建设用地的村镇。

引导村镇道路发展成丁字路，村镇空间形态由简单的条状发展成片状，考虑交通主干道的负效应影响，村镇应沿干道一侧发展，避免村镇用地跨路建设。这种方式适于塬面沿道路形成的新兴条状村镇，具备块状发展的空间条件。

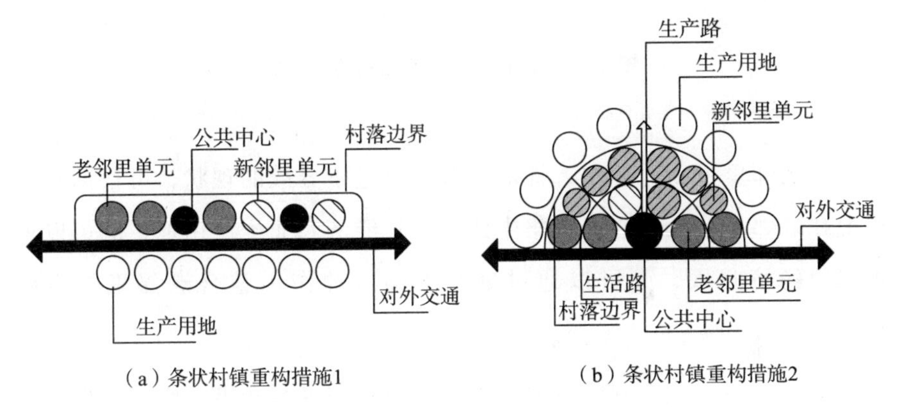

（a）条状村镇重构措施1　　（b）条状村镇重构措施2

图6－4 条状村镇空间结构重构措施

资料来源：笔者自绘。

面状村镇空间结构重构措施（见图6－5）

确定村镇建设用地界限。建立农业用地保护区，限制村镇无序扩张蚕食耕地，防止农业生产用地退化。

利用村镇公共中心区对村镇整体空间结构的影响，调控塬边村镇发展趋势，符合村镇体系生态重构的要求。

鼓励在原有老邻里基地新建住房，防止村镇居住建筑用地蔓延，变老邻里为新邻里，焕发生机。

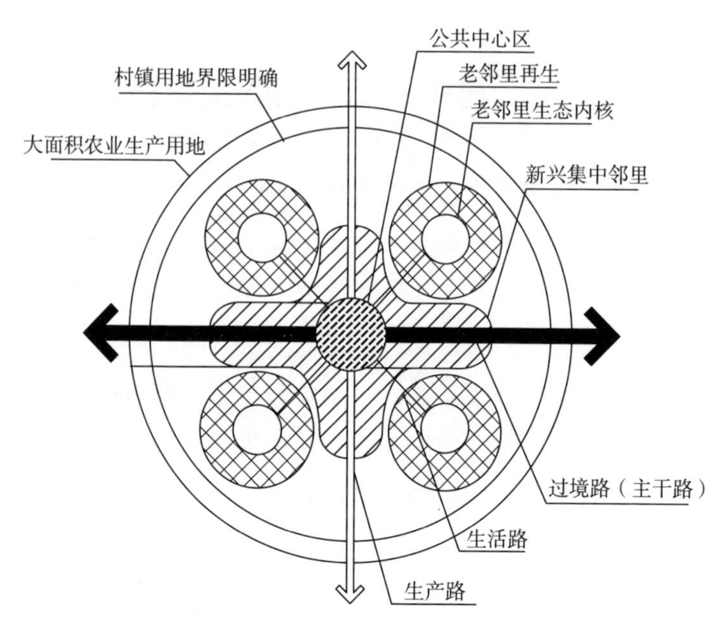

图 6－5　面状村镇空间结构重构措施

资料来源：笔者自绘。

在老邻里更新过程中，针对原有邻里过于分散的现状，可根据实际情况在老邻里单元中心区域集中建设小片经济农业生产用地，既可以增加农民经济收入，又可以通过生态中心核的作用整合老邻里的空间秩序。

加强村镇公共中心区与老邻里的联系，保持老邻里的区位活力。

新宅基地划批应严格控制，防止新邻里过度依赖交通线发展的趋势。

第五节　基于村镇体系生态重构的梁家庄概念性规划示例

一　梁家庄现状

对于梁家庄村的概念规划是在黄土高原沟壑区村镇单元生态重构基础上，针对村庄现状问题，运用村庄空间结构形态生态重构措施，对其村庄空间结构进行调整，着重探讨重构措施与具体村镇建设相结合的方法，使其空间结构满足改善沟壑区村镇单元人居环境的要求。具体村庄规划各项指标应满足有关规范要求。

梁家庄村十里塬乡政府驻地南2.5公里处，西至沟畔，西临刘家堡，南接马家镇高家村，北靠下庄子。地势东北高，西南低。西部地形破碎，靠近塬边，北部有较高的黄土陡坎。

梁家庄历史悠久，相传汉武帝一妃子路经此地亮过嫁妆，故名“亮嫁妆”，后经群众座谈得知，梁姓人最先居住成村，故名梁家庄。在明代万历年间，梁家庄已经成为整个十里塬地区中心（淳化县志编纂委员会，2002）。

全村由9个村民小组组成，共440户，1763人。耕地约380万平方米，村庄占地约99万平方米，户均约2267平方米，人均560平方米。产业以第一产业种植业为主，以种植小麦、玉米和苹果为主，养殖业不发达，没有形成产业，以农家养殖猪、羊为主。人均纯收入为1200元。

在“姜家河+十里塬+通深沟”村镇单元中，村庄人口规模属于Ⅰ级，用地规模属于Ⅱ级。村庄位于塬边，属于村镇限制发展区，同时是十里塬乡政府和马家镇政府之间的较大中心村，交通便利，具有较大的地理区位优势。根据村镇体系生态重构方案，梁家庄规模基本不变，村庄建筑用地向塬面中心区移动。

梁家庄村落空间结构较规则，属于面状村镇，路网较规则呈不完整的网格型。村庄占地面积较大，整体结构松散。南北相距5公里，村民逐园而居，居住分散零乱。空废和分散现象严重，北区和西南传统窑居基本空废，新建住宅以地上院落式住宅为主，基本沿路建设，出现分散的带形布局。公共建筑设施分布于村庄西侧，有小学、寺庙、油坊、商店等（见图6-6）。

村庄目前呈现的问题主要有以下方面。

村庄老邻里单位出现大面积空废，新邻里沿道路向东、向南延伸，村庄总体建筑密度较低，布局松散。

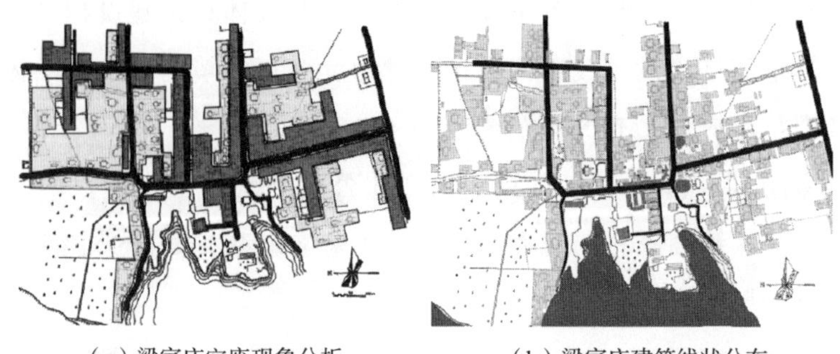

（a）梁家庄空废现象分析　　（b）梁家庄建筑线状分布

图 6－6　梁家庄村现状分析

资料来源：笔者自绘。

线状村庄占地面积过大，邻里密度过低，户均占地达到了约 2267 平方米。

公共建筑设施偏于塬边一侧，导致村庄发展中心偏于一侧，加剧了人居生活与塬边脆弱生态环境的矛盾，同时也不利于村庄组团式面状发展。

道路层级单一，只有一级村级路，在村民小组内，尤其是传统窑居邻里区，没有明确的生活道路，造成了邻里内部识别性和可达性较差，组织结构模糊（周广生、渠丽萍，2003）。

村庄没有明显的自然边界线，建筑用地与生产用地混杂，造成了村庄建筑用地无序扩张。

二　梁家庄生态重构措施

明确界定村庄边界

居住区主要以道路为界，塬边一侧地区以生态防护绿化带为边界。明确区分村庄居住用地和生产用地，建立农田、果园的生产保护区，防止发生滥占耕地现象，同时加强政府管理宅基地审批工作，严格限制村庄建设用地和建设形式。

完善道路等级和网络结构，增加村庄内部空间的层次性

村庄东南侧增加两条村庄主要道路，在规划主要居住区内按照原有

建筑形成的机制，增加村庄次级道路，作为方便邻里交往的生活道路，与生产路分离，同时丰富了村庄道路等级，丰富了村庄内部邻里交往的空间层次。

明确村庄新建区和保留区

新建区以完善基础设施和提高密度为主，顺应新邻里沿路建设的趋势，中间规划集中的小型生产用地功能灵活，在村庄继续发展过程中可以作为新的宅基地；保留区力求保持"地下村庄"的历史风貌，以旧窑洞的修缮和生态改造为主，加大绿化面积。既满足村庄人居发展需要，又保留村庄原有的建筑历史机制和空间韵味，坚持历史可持续与生态可持续并重发展的思想。

充分利用村庄地理区位优势，重构产业结构

发挥主导产业——苹果种植业的优势，同时丰富产业类型，发展大棚菜产业；种植所需土地主要来源于村庄北部和西南部废弃窑洞填埋复耕。

完善村庄生态绿化系统

在塬边水土流失严重带形地区种植生态防护林，加大村庄行道树密度，增加空间公共节点景观绿化程度，结合宅院和地坑窑院的庭院绿化，形成防护林－行道树－公共节点景观绿化－庭院绿化的完整生态绿化系统。

通过对梁家庄空间结构生态重构的概念性规划（见图6－7）户均占地减少近1/2，提高了村庄的居住密度，解决了用地分散、混乱、邻里关系松散以及景观缺失的问题，耕地面积扩大了（见表6－3）。

表6－3 规划前后用地指标对比

	现状	规划后	备注
户数	440户	440户	梁家庄距离中心集镇较近，考虑到城镇化的影响，假设人口自然增长数与迁出人口数平衡，在这里采用静态的研究方法探讨村镇空间结构生态重构问题
人口	1763人	1763人	

续表

	现状	规划后	备注
村庄占地面积	1485 亩	850 亩	村镇建筑形式改变和分布密度提高，在人口规模基本不变前提下，节约大量土地，节约土地规划为生态保育林地和耕地，耕地面积增加
耕地面积	5700 亩	6300 亩	
户均占地	3.4 亩	1.9 亩	
土地利用率			

注：1 亩 =666.67 平方米。

图 6－7　梁家庄空间结构生态重构的概念性规划

资料来源：笔者自绘。

参考文献

淳化县志编纂委员会编，2000，《淳化县志》，三秦出版社。

邓南圣、吴峰，2001，《国外生态工业园研究概况》，《安全与环境学报》第8期。

杜宁睿，1999，《关于山地城镇体系规划的思考》，西北工业大学出版社。

范须壮，2004，《城市滨水住区“开放式”模式研究》，硕士学位论文，浙江大学。

贺勇、王竹，2005，《长江三角洲地区湿地类型基本人居生态单元适宜性模式研究框架》，亚洲都市环境的可持续发展国际学术会议，西安。

户县城市建设局，2004，《户县城区总体规划》，内部资料。

户县人民政府，2002，《关于加强河道公路管理确保防汛交通安全的通告》，内部资料。

户县水政水资源管理办公室，2004，《户县水资源保护规划》，内部资料。

户县水政水资源管理办公室，2004，《新河、涝河基本情况》，内部资料。

户县统计局，2004，《户县2004年国民经济和社会发展统计公报》，内部资料。

户县统计局，2012，《户县2012年国民经济和社会发展统计公报》，内部资料。

户县志编纂委员会，1987，《户县志》，西安地图出版社。

贺业钜，1996，《中国古代城市规划史》，中国建筑工业出版社。

黄光宇、陈勇，2002，《生态城市理论与规划设计方法》，科学出版社。

黄翼，2000，《城市滨水空间生长的自然阶梯》，硕士学位论文，东南大学。

金兆森、张晖，1999，《村镇规划》，东南大学出版社。

李麟学，1999，《城市滨水区空间形态的整合》，《时代建筑》第3期。

毛建强、金春早，2005，《生态优先——城市滨河空间规划设计探索》，《上海农业学报》第4期。

陕西省地方志编纂委员会编，2006，《陕西省志（地理志）》，陕西人民出版社。

陕西省水土保持局，1997，《黄土高原沟壑区综合治理开发技术与研究》，陕西师范大学出版社。

陕西省统计局，1998，《陕西统计年鉴》，中国统计出版社。

陶雨芳，2003，《观光农业发展战略研究》，硕士学位论文，西北大学。

汪洋，2005，《城镇河流生态护坡系统的建立及评价研究》，硕士学位论文，扬州大学。

王祥荣，2000，《生态与环境：城市生态可持续发展与生态环境调控新论》，东南大学出版社。

王如松，2001，《中小城镇可持续发展的生态整合方法》，气象出版社。

王小春，2004，《天津市生态功能区划研究》，硕士学位论文，河北工业大学。

邬建国，2000，《景观生态学——格局、过程、尺度与等级》，高等教育出版社。

吴良镛，2001，《人居环境科学导论》，中国建筑工业出版社。

叶林，2004，《城市河流地区建设的生态理念与方法》，硕士学位论文，重庆大学。

于汉学，2005，《大分散、大聚集与黄土高原沟壑区城镇体系协调发展》，亚洲都市环境可持续发展国际学术会议。

于汉学、周若祁、刘临安、常晓明，2008，《黄土高原沟壑区城镇体系空间结构的协调发展》，《西北大学学报》（自然科学版）第1期。

虞春隆，2002，《基于数字化方法的黄土高原姜家河小流域人居环境研究》，硕士学位论文，西安交通大学。

张定青、周若祁，2005a，《试析西安大都市圈中“泾渭水系”非建设环境区的特点及其建设思路》，亚洲都市环境的可持续发展国际学术会议，西安。

张定青、周若祁，2005b，《以“泾渭水系”建构西安大都市圈生态廊道之初探》，中国建筑学会论文集，中国建筑学会。

张复合，2000，《建筑史论文集》第13辑，清华大学出版社。

赵民、陶小马，2001，《城市发展和城市规划的经济学原理》，高等教育出版社。

中国城市规划设计研究院，2002，《小城镇规划标准研究》，中国建筑工业出版社。

中国科学院黄土高原综合科学考察队编，1990，《黄土高原地区综合治理开发分区研究》，中国经济出版社。

周广生、渠丽萍，2003，《农村区域规划与设计》，中国农业出版社。

邹海林、徐建培，2004，《科学技术史概论》，科学技术出版社。

David，C. 1989. *Electrical Characterization of GaAs Materials and Devices*. Chichester：Wiley.

Hickman，G. C.，Hickman，S. M.，Krebs，C. J. 2002. *The Ecology Action Guide*. San Francisco：Benjamin Cummings.

附　录

户县调研提纲

Ⅰ 县域内城镇基本概况

ⅰ 城镇的现状

区位

规模

人口

行政建制变化

撤乡并镇

人口迁移

人口密集度

土地使用制度

城镇发展战略

ⅱ 自然地理概况

地理地貌

自然资源

ⅲ 交通条件

河流、公路、铁路的分布现状

使用状况

公路、铁路与河流的关系

公路、铁路与西安城区的联系

ⅳ 经济情况

经济水平（工农业产品、经济制度和财富分布）

产业结构

基础设施

投融资政策

特色产业

人均收入

ⅴ 城镇的未来发展

县域的现状图

重点建设区域及建设项目

Ⅱ 水资源现状

ⅰ 县域内的水资源概况

河流的名称、起源、形态及流经乡镇

河流沿途的地形、地貌、植被情况及河道的形态变化

河道两侧土地利用情况与地表水文分析

水资源的特点

河道的水质、水量变化（污染地段、污染程度、污染原因、治理手段、治理效果）

河流的开发现状（已开发地段、开发原因、开发手段、开发程度及待开发地段分析）

河道的历史变迁（地段及其原因）

ⅱ 防洪防汛及其治理情况

汛期、地段、汛情、危害、原因分析

治理地段、治理手段、治理效果、治理策略等

ⅲ 水资源利用现状

Ⅲ 河流与城镇

ⅰ 河流与城镇的位置关系

跨河、近河、临河、离河的城镇分别列举

城镇分布与河流的关系（城镇的密度、规模与河流的关系）

城镇与河流的相对位置关系

对于四种不同位置关系的城镇，河流对其发展所起的促进和制约作用比较及原因分析

ⅱ 河流与人居生活

山、岭、川、原四种地形居住条件比较（沟谷范围，交通状况，水质、水量，经济收入，流域治理等）

是否有迁村的现象（原因、位置）

随着城镇的发展，城镇居住区的位置变化？（临河发展、跨河发展、沿河发展或者离河发展）并试分析原因

河流和生产的关系

河流和游息的关系

河流和交通的关系

ⅲ 河流与城镇经济

沿河布局的产业名称

产业布局与河流的关系

河流是在产业发展中起的作用

产业的发展对河流的影响

ⅳ 河流在城镇特色中所承担的功能

城市建设

产业发展

人民生活

景观方面

文化方面

交通关系

ⅴ 城镇的发展对河流的影响

城镇的发展对洪涝灾害的影响

城镇的布局特点对洪涝灾害的影响

洪水的控制和防治（预报、开辟滞洪区、相应管理）

ⅵ 河流与城镇规划

水资源对城镇规模的制约作用（产业结构、用地布局）

水资源开发受城镇发展的制约（自然地理条件、社会经济状况、工农业布局、水资源的分布及特点、水利功能设施）

Ⅳ 选定典型城镇的调查内容

ⅰ 城镇的现状特征

城镇类型（集贸乡镇、工矿业乡镇、贸易型或市场型乡镇、综合型乡镇、依靠型乡镇）

城镇的性质和地理概况（山、岭、川、原的地理位置，所占比例及相应城镇）

城镇的职能、规模、结构及形态、发展计划

城镇发展的历史沿革（中华人民共和国成立前、中华人民共和国成立后）

乡镇的基本情况（农业情况、工业情况、资源条件、对外交通联系、城镇的人口、居住用地的分布、公共建筑与用地、沿河地带绿化及环保状况、旅游开发情况）

自然资源条件（地形、地质、水文、气象）

发展不足的原因分析（自然景观、资源利用、投资环境、产业结构、基础设施、文化内涵、地方特色）

发展潜力具备条件分析（城镇结构、城镇规模和职能分工、地理地貌、自然资源、文化底蕴、民族宗教、经济水平、交通、政策）

ⅱ 河流对城镇的影响

河流与城镇的相对位置关系（水平方向、垂直方向）

河流流经该地段的地形、地貌特征及植被情况等

在城镇发展不同时期河流的作用（古代、近代、现代）

河流在该城镇生产中所起的作用

河流在该城镇生活中所起的作用

河流在该城镇景观中所起的作用

河流在该城镇文化中所起的作用

河流在该生态环境中所起的作用

河流潜在的灾害（垮坝事故、次生盐碱化、河流淤积、洪水、环境恶化、水质污染）

随着城镇的发展，城镇居住区的位置变化

iii 城镇发展对河流的影响

人工改造（对河道的改造、人工河道承载的功能、水库和其他水利设施的修建、地下排水系统、雨水管网、排洪沟渠等的建立）

城市化对河流水文性质的影响

城市化对地下水的影响

河道的污染情况（地段、污染源、程度、治理情况）

河流的开发利用和保护

图书在版编目(CIP)数据

城镇生态重构：以渭河流域为例 / 胡欣，李冬艳著
. -- 北京：社会科学文献出版社，2019.2
ISBN 978 - 7 - 5201 - 3810 - 9

Ⅰ. ①城… Ⅱ. ①胡… ②李… Ⅲ. ①渭河 - 流域 - 城镇 - 生态环境建设 - 研究 Ⅳ. ①X321.2

中国版本图书馆 CIP 数据核字（2018）第 250967 号

城镇生态重构：以渭河流域为例

著　　者 / 胡　欣　李冬艳

出 版 人 / 谢寿光
项目统筹 / 陈凤玲　宋淑洁
责任编辑 / 宋淑洁　王红平

出　　版 / 社会科学文献出版社 · 经济与管理分社（010）59367226
地址：北京市北三环中路甲 29 号院华龙大厦　邮编：100029
网址：www. ssap. com. cn
发　　行 / 市场营销中心（010）59367081　59367083
印　　装 / 三河市尚艺印装有限公司

规　　格 / 开　本：787mm × 1092mm　1/16
印　张：10.75　字　数：151 千字
版　　次 / 2019 年 2 月第 1 版　2019 年 2 月第 1 次印刷
书　　号 / ISBN 978 - 7 - 5201 - 3810 - 9
定　　价 / 78.00 元